KB179196

농담하나고요?

간단한 질문에서 시작하는 기상천외 과학 수업

최원석 지음

과학입니다

구글도 해결 못 할
호기심을 풀어 주는 책

북트리거

농담처럼 던진 질문, 그것이 바로 과학이다!

사람은 호기심이 많다. 특히 나이가 어릴수록 호기심이 많아서 어린아이들은 쉴 새 없이 질문을 쏟아 내곤 한다. 중학교 1학년 학생들을 보면 아직까지 초등학교 때 열심히 발표하던 습관이 남아서 이것저것 궁금한 것에 대한 질문을 마구 쏟아 낸다. 그러던 학생들이 학년이 올라갈수록 점점 질문하는 습관을 잃어버린다.

문제는 질문이 줄어들수록 과학에 대한 흥미도 같이 낮아진다는 것이다. 물론 주입식 교육의 결과라 생각할 수도 있지만 질문과 흥미는 피드백된다고 보는 게 맞다. 흥미가 없으니 질문하고 싶은 것도 없고, 질문한 내용이 아니니 듣고 싶은 마음도 없다. 학년이 올라갈수록 질문은 줄고, 주입식 교육에 익숙해진 학생들은 입을 닫아 버린 채 졸거나 멍하니 앉아 있다. 결국 수업 중에는 질문하지 않는 것이 미덕처럼 되면서 교실은 쥐 죽은 듯 조용해진다.

솔직히 이야기하면 질문이 줄어드는 것은 비단 아이들만의 문제는 아니다. 어른들도 나이가 들면 질문이 줄어든다. 안타까운 것은 교사라고 한들 다르지 않다는 점이다. 모든 것을 매뉴얼대로 처리하면서 교직 사회에서도 질문이 사라지고 있다. 학생들은 질문할 시간에 문제 하나라도 더 풀고, 교사들은 매뉴얼대로 신속하게 일하는 것을 더 효율적이라 느낀다. 4차 산업혁명 시대에 창의적 인재를 육성해야 한다면서 학교는 오히려 틀에 박힌 듯 정형화된 모습으로 변해 가는 아이러니한 상황이 벌어지는 것이다.

모든 것을 빠르게 계산하고 처리하는 인공 지능(AI)이 있는데, 굳이 인간이 AI를 흉내 내 열심히 문제 푸는 연습을 할 이유는 없다. 세계적인 바둑 기사 이세돌조차 AI에게 패배한 마당에 문제 잘 푸는 인재가 왜 필요하단 말인가? 우리에게 필요한 인재는 문제를 잘 푸는 사람이 아니라 좋은 질문을 던질 수 있는 사람이다.

문제는 교사 입장에서 수업 시간에 학생들이 마음대로 질문하도록 놔두기가 쉽지 않다는 것이다. 수업을 방해하려는 의도를 가진 질문도 종종 나오기 때문이다. 그리고 수업 시간에 아이들이 마음대로 질문하도록 두면 '제대로 된 질문'을 하지 않는다고 걱정하는 교사들도 많다. 하지만 '제대로 된 질문'과 그렇지 않은 질문을 어떻게 구분할 수 있을까? 황당한 질문, 엉뚱한 질문이라고 부르는 수많은 질문 속에 과학의 길이 있다. 과학이 대단한 것처럼 보이지만 호기심 가득한 질문만 하면 이미 절반은 시작한 것이다. 과학은 질문에서 시작된다. 생각해야 질문이 나오고 질문하려면 생각할 수밖에 없기 때문이다. 수업을 방해하려는 의도만 없다면 학생들이 던지는 모든 질문을 소중하게 여겨야 한다.

"사람이 총알처럼 빨리 달리면 어떻게 되나요?"라고 묻는다고 생각해 보자. 언뜻 보기에 수업과 관련 없어 보이는 황당한 질문처럼 보일지도 모른다. 사람은 총알처럼 빨리 달릴 수 없으니 쓸데없는 질문이라고 답해 버린다면 정말로 그 질문은 쓸데없는 것이 되어 버린다. 하지만 정말로 총알처럼 빨리 달릴 경우에 생길 수 있는 여러 현상에 대해 상상해 본다면 바로 그 순간 이 질문은 과학적인 상상력이 된다.

영화를 보고 난 뒤 "토르는 어떻게 망치로 번개를 만드나요?" 하고 질문했을 때 그건 영화니까 그런 것이라고 대답해 버리면 더는 발산적 사고를 할 수 없게 된다. 그러나 자연 현상 속의 번개를 영화와 연관 지어 설명한다면 토르의 망치도 과학적 소재가 된다.

이 책에는 다양한 질문들이 있다. "보름달이 뜨면 늑대인간이 나타날까?", "바이러스가 좀비를 만들 수 있을까?", "거대 괴수들은 어디로 갔을까?", "엘사의 얼음성은 어떻게 생겨났을까?", "사람도 풍선처럼 부풀면 공중에 뜰까?"와 같이 황당하게 보이는 질문들을 비롯해, "삶은 감자와 튀긴 감자는 왜 맛이 다를까?"와 같이 일상생활에서 쉽게 접할 수 있는 질문에 이르기까지 다양하다.

이 책을 통해 청소년 여러분이 가지고 있었던 질문도 세상에 풀어 봤으면 좋겠다. 그러면 농담처럼 던진 질문 속에도 과학이 숨어 있다는 사실을 알게 될 것이다. 여러분이 던진 질문이 혹시 쓸데없는 것인지는 고민하지 말자. 그 어떤 질문도 "태양이 아니라 지구가 도는 것이 아닐까?", "대륙이 이동하는 것이 아닐까?", "인간은 창조된 것이 아니라 진화에 의해 등장한 것이 아닐까?"라는 질문보다는 덜 황당할 것이다. 과거에 이 질문을 던졌던 갈릴레오 갈릴레이, 알프레트 베게너, 찰스 다윈은 주변으로부터 놀림을 당하고 심지어 모욕이나 위협을 받았다. 하지만 여러분은 어떤 질문을 던져도 위협받지 않는 세상에 살고 있다.

이제 편안하게 질문을 던져 보자. 혹시 아는가? 여러분이 품었던 질문 중 하나가 위대한 발견으로 이어질지도.

2021년 6월

최원석

차례

몸속에서 펼쳐지는 상상 못할 이야기

2부
사물

만든 사람도 미처 몰랐던 이야기

3부
동물

직접 물어볼 수 없어 더 궁금한 이야기

생각보다 더 신기하고 아름다운 곳 이야기

지구 밖을 여행하기 전 알아야 할 이야기

1부

사람

몸속에서 펼쳐지는 상상 못할 이야기

ON AIR

사람이 총알보다 빨리 달리면 어떻게 될까?

question

정말 빠르게 달릴 때 흔히 '총알처럼 빠르다'는 표현을 쓰잖아요. 할리우드 영화에 나오는 플래시나 퀵실버 같은 영웅은 총알보다 빨리 달리면서 총알을 마음대로 피합니다. 그런데 만약 사람이 이렇게 총알보다 빠른 속도로 달리면 문제가 없을까요? 있다면 어떤 문제가 생길까요? 꼭 알려 주세요.

소리보다 빠른 총알 속도

알라딘 — 저도 영화 〈엑스맨〉 시리즈를 참 재미있게 봤는데요. 특히 퀵실버가 총알을 아주 가볍게 피하는 장면이 매우 인상 깊었습니다. 이번 질문은 사람이 총알보다 빨리 달리는 게 가능하다면 어떤 결과가 펼쳐질지입니다. 질문에 답해 주실 공학자 오발탄 박사님과 물리학자 이뉴턴 교수님 나오셨습니다. 먼저 사람이 총알보다 빠르려면 얼마나 빠른 속도로 달려야 할지 궁금한데요.

오발탄 — 제가 질문 하나만 먼저 드릴게요. 총알과 소리 중에 어느 게 더 빠를까요?

알라딘 — 영화를 보면 '탕' 소리가 먼저 들리고 나서 사람이 쓰러지니까 소리가 더 빠르지 않을까요?

오발탄 — 흔히들 그렇게 생각하는데 총알이 더 빨라요. 일반적으로 권총의 총알 속도가 초속 300~400미터, 소총의 총알 속도가 초속 900~1,000미터인데 소리의 속도는 초속 340미터예요. 총알 속도가 소리보다 빠르니 이론상으로는 총알에 맞고 나서야 총소리가 들립니다. 총소리를 듣고 미리 총알을 피하기는 불가능하죠. 다만 총알은 추진 장치가 없고 공기저항을 받기 때문에 일정 시점에서 속도가 소리보다 떨어질 수 있습니다.

계산으로 풀어 볼까요? 가령 1초에 400미터를 날아가는 총알이 있다고 해 보죠. 400미터 떨어져 있던 사람은 이 총알을 맞는데 1초가 걸립니다. 그리고 소리는 약 0.18초 뒤에 도착하죠. 결국 이 사람이 총알에 맞지 않으려면, 발사되는 총알을 눈으로 확인해 1초 이내에 몸을 피해야 합니다. 재미있는 사실은 사람이 총알보다 빨리 뛰면 총소리를 듣지 못한다는 겁니다. 총알을 피해 달려가던 사람의 귀에 총소리가 들렸다면, 그는 이미 저세상으로 가고 있을 가능성이 높다는 의미죠.

사람이 총알처럼 달리면 생기는 일

알라딘 — 총소리도 못 들을 정도로 빠른 수준이라니 뭔가 비현실적으로 느껴지네요. 그런데 사람이 소리보다 빠르게 달리면 몸에 문제는 없을까요?

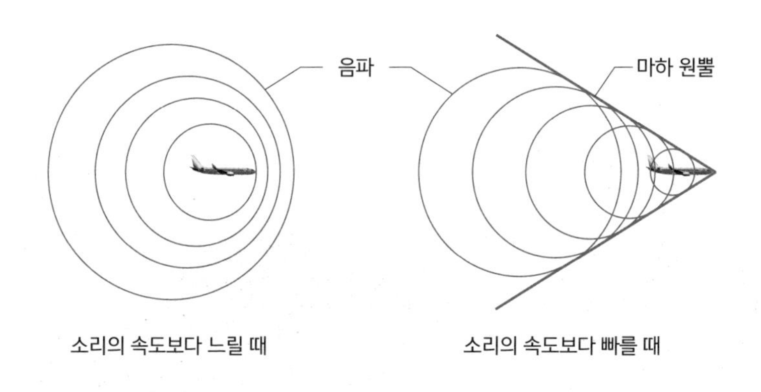

이뉴턴 — 물리학에서는 소리의 속도를 '음속'이라 하고, 소리보다 빠른 속도를 '초음속'이라 합니다. 초음속기는 소리의 속도보다 빠른 비행기죠. 이 초음속기가 소리보다 빠르게 날아가면 엄청난 소리, 이른바 '소닉 붐sonic boom'이 나요. 문제는 소닉 붐에 충격파도 따라온다는 거죠. 만약 비행기 가까이 건물이 있다면 건물 유리창이 깨지고 벽이 부서질 정도입니다.

위의 그림을 보세요. 비행체가 초음속으로 날아갈 때(소리의 속도보다 빠를 때) 음파가 원뿔 모양이죠? 이것을 '마하 원뿔'이라 하는

데 이 파동이 충격파를 일으키는 원인입니다. 총을 쏠 때 나는 '탕' 소리도 비슷한 사례예요. 총알 속도가 소리보다 빠르니까요. 그런데 이 충격파가 생기는 원리를 여기서 쉽게 설명하기는 어려워요. 일단 물체가 초음속으로 움직이면 충격파가 생긴다는 점과 그 충격파가 어마어마한 에너지를 낸다는 정도만 알아 두세요.

초등학교 과학 수업 중에 돋보기로 햇빛을 모아 검은 종이를 태우는 실험이 있죠? 이는 빛이 에너지를 가지기 때문에 가능한 일입니다. 빛과 마찬가지로 소리도 에너지를 가져요. 예를 들어 스피커 볼륨을 높이면 스피커 주변에서 진동이 느껴지죠? 그 진동이 에너지예요. 충격파는 보통의 소리 에너지와는 비교할 수 없을 정도로 엄청난 충격을 주기 때문에 초음속기는 땅 가까이에서 제 속도로 날아선 안 됩니다. 만약 땅 가까이에서 소리보다 빠른 속도로 사람이나 비행체가 달리면 엄청난 소음과 진동으로 그야말로 재난이 생기죠.

알라딘 — 그러면 사람도 총알보다 빨리 달리면 무시무시한 소음과 물리적 충격이 생기겠군요. 그로 인해 주변에 피해가 간다니 매우 안타깝지만 그래도 일단 총알을 피할 수 있다는 건 부러운 능력입니다.

이뉴턴 — 절대 그렇지 않습니다. 총알보다 빨리 달리면서 몸을 움직이면 인체 내부에서 아주 끔찍한 일이 벌어질 수 있어요. 빠른 속도로 달리던 자동차가 무언가에 부딪치는 상황을 생각해 보세요. 달리던 자동차가 충돌로 멈추면 관성 때문에 인체의 근육과 뼈, 장기들이 앞으로 급격히 쏠려요. 이 때문에 자동차에 탄 사람은 몸을 크게 다칩니다. 이런 충격으로부터 사람을 보호하기 위해 자동차 회사는 자동차에 범퍼나 에어백 등 충격 흡수 장치를 설치합니다.

그런데 인체가 총알보다 빠른 속도로 달리면서 몸을 요리조리 피하면 어떨까요? 과속 중이던 자동차가 급정지할 때보다 더 큰 충격이 몸에 옵니다. 몸의 진행 방향이 바뀔 때마다 몸의 뼈, 혈관, 장기들이 관성으로 엄청난 힘을 받죠. 뼈는 부러지고 혈관이나 장기는 터질지도 몰라요. 달걀을 통에 넣고 빠르게 흔들면 깨지는 것과 같습니다. 총알을 피할 수는 있어도 결코 안전한 상황이 아니란 이야기죠.

알라딘 — 총알보다 빠르게 달리면서 몸을 움직이면 뼈도 못 추릴 정도의 치명상을 입을 수 있겠군요.

이뉴턴 — 그렇습니다. 그런데 충격은 사람만 받는 게 아니에요. 땅이 받는 충격도 엄청납니다. 사람이 땅 위를 걸을 수 있는 것은 '작용 반작용 법칙' 때문입니다. 뉴턴의 운동 법칙 가운데 하나인데 모든 힘에는 항상 그와 방향이 반대이고 크기가 같은 반작용 힘이 따른다는 법칙이죠. 우리가 발로 땅을 뒤로 밀면 땅도 같은 힘으로 발을 앞으로 밀어냅니다. 그런데 만약 우리가 총알보다 빠르게 움직이려고 이리저리 방향을 바꾸면 어떻게 될까요? 그때마다 땅은 엄청난 충격을 받습니다.

쉬운 예를 들어 볼게요. 흙길에서 자동차가 갑자기 빠른 속도로 출발하게 되면 바퀴가 빠르게 회전하면서 바퀴 뒤쪽으로 흙이나 돌이 튀죠? 물체가 빠르게 나아가려면 그만큼 큰 힘이 바닥에 가해지기 때문입니다. 이는 우리가 얼음판 위에서 빠르게 걷지 못하는 이유이기도 합니다. 사람이 총알보다 빠르게 방향을 바꾸려면 땅에 그만큼 큰 힘이 작용해야 하고, 이와 동시에 바닥에서 전해진 힘이 고스란히 몸으로 옮겨 오면서 엄청난 충격을 줄 겁니다. 결국 사람이 총알보다 빨리 달리면 사람의 몸도, 주변 건물도, 땅도 모두 무사하지 못해요.

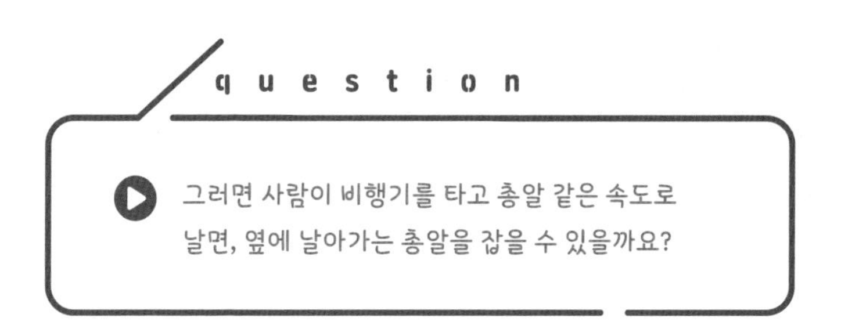

비행기에 타서 총알을 잡을 수 있을까?

알라딘 — 만약 비행기와 총알이 같은 속도로 움직이면, 비행기에 탄 사람이 총알을 잡는 게 가능하냐는 질문인데요. 저도 제2차

세계대전 때 비행기 조종사가 비행 도중 벌레인 줄 알고 잡았던 게 총알이었다는 이야기를 어디선가 들은 적이 있습니다. 어떻게 날아가는 총알을 잡을 수 있었을까요? 실제로 가능할까요?

오발탄 — 사람이 탄 비행기와 총알이 같은 속도로 움직인다면 둘의 상대속도, 즉 비행기에서 본 총알의 운동 속도는 0이 돼 마치 서로 멈춘 듯 보일 겁니다. 이는 우리가 달리는 열차나 자동차에 탔을 때 창밖의 물체를 보면 빠른 속도로 지나가지만 내 옆에 앉은 사람은 멈춘 듯 보이는 것과 같은 현상이에요.

마찬가지로 비행기에 탄 사람이 총알을 직접 잡으려면 상대속도가 0, 즉 둘의 진행 방향과 속력이 완벽히 일치해야 합니다. 하지만 인류는 그동안 우주선끼리의 결합이나 연결 또는 공중 급유 등을 시도하면서 이 같은 조건을 맞추는 게 어렵다는 것을 확인했어요. 달리는 차에서 공을 잡는 게 어려운 것처럼요. 과학적으로 불가능하진 않지만 기술적으로는 매우 어렵다는 거죠.

조금 더 과학적으로 질문하기

파동의 발생과 전달: 우주에서도 소리가 들릴까?

파동을 전달하는 물질을 매질이라고 한다. 수면에서 전달되는 물결의 매질은 물이고, 땅을 통해 전달되는 지진의 매질은 지각을 포함한 지구 내부 물질이다. 소리는 대부분 공기를 통해 전달되므로 공기가 매질이지만 액체나 고체를 통해 전달될 때도 있다.

하지만 모든 파동이 매질을 필요로 하는 것은 아니다. 빛과 같은 전자기파는 매질 없이 전달된다. 그래서 빛은 진공상태인 태양과 지구 사이를 통과해 지구까지 도달한다. 하지만 소리는 매질이 필요해 진공상태인 우주에서는 전달되지 않는다. 그래서 우주에서 의사소통할 때는 우주복에 달린 무전기의 전파를 써야 한다.

속력과 속도의 차이: 고속도로에서 구간 단속을 하는 이유는?

일상생활에서는 속력speed과 속도velocity를 구분하지 않고 쓸 때가 많다. 하지만 속력에는 빠르기만 있고, 속도에는 빠르기와 방향이 모두 있는 점이 다르다. 정확히 말하면 속력은 이동 거리를 걸린 시간으로 나눈 값이고, 속도는 변위(위치 변화)를 걸린 시간으로 나눈 값이다. 예를 들어 1시간 동안 5킬로미터를 산책하고 돌아왔으면 속력(평균속력)은 시속 5킬로미터이지만 속도(평균속도)는 0이다. 출발 위치와 도착 위치가 같으므로 변위가 없기 때문이다.

고속도로에는 구간 단속을 하는 곳이 있다. 단속 시작 지점에서 자동차 번호판을 촬영하고, 단속 종료 지점에서 번호판을 한 번 더 촬영한다. 그리고 시작 구간에서 종료 구간까지의 자동차 평균속력을 계산해 제한속도를 넘어가면 단속한다. 빠르게 달리다가 카메라 앞에서만 속력을 줄이는 차를 단속하기 위한 방식이다.

ON AIR

사람이 투명해질 수 있을까?

question

영화 〈해리포터와 마법사의 돌〉을 보면 투명망토가 등장합니다. 그때까지 저는 망토를 써서 투명해지는 건 영화 속 마법에서나 가능하다고 생각했습니다. 그런데 영화 〈미션 임파서블: 고스트 프로토콜〉을 보고, 투명해지는 게 과학적으로 불가능하지 않다는 사실을 알았습니다. 그렇다면 도구를 쓰지 않고 사람이 투명해지는 것도 가능할까요?

우리 몸을 투명하게 만들려면?

알라딘 — 〈해리포터와 마법사의 돌〉에서 처음으로 투명망토를 봤을 때 정말 환상적이라고 생각했습니다. 굉장히 신기해서 마법 세계에서나 가능할 것이라 여겼는데, 나중에 보니 정말로 투명망토를 발명한 발명가도 있더군요. 이번 질문은 망토를 쓰지 않고 사람이 투명해질 수 있는지입니다. 질문에 답해 주실 분은 물리학자 이빛나 교수님과 생물학자 반투명 교수님입니다. 먼저 반투명 교수님! 사람이 투명해지는 게 가능한가요?

반투명 — 우리 주변에는 물이나 유리처럼 투명한 물질도 많지만 사람은 눈에 아주 잘 보입니다. 사람의 모습을 투명하게 바꾸려면 일단 우리 몸에서 불투명한 곳을 투명하게 바꿔야겠죠? 그런데 사실 우리 몸에도 투명한 부분이 있어요. 어딜까요?

알라딘 — 우리 몸은 잘 보이는데, 투명한 부분이 있나요?

반투명 — 눈의 각막과 수정체가 투명합니다. 투명해야 빛을 통과시켜 망막에 상을 맺게 하니까요. 특히 볼록렌즈 역할을 하는 수정체는 크리스탈린이라는 투명한 단백질로 만들어졌어요.

알라딘 — 그렇다면 몸의 다른 부분도 수정체처럼 투명하게 만들면 투명인간이 될 수 있겠네요?

반투명 — 네. 온몸을 크리스탈린으로 만든다면 투명인간이 되겠죠. 그런데 문제가 있습니다. 크리스탈린이 투명한 이유는 세포와 달리 핵이나 미토콘드리아 같은 세포 소기관이 없기 때문입니다. 여기서 미토콘드리아는 진핵세포 속에 있는 소시

지 모양의 알갱이로, 세포의 발전소와 같은 역할을 하는 작은 기관입니다. 세포소기관은 빛을 흡수하거나 반사시켜, 세포가 우리 눈에 보이게 합니다. 인간의 세포 대부분이 불투명한 이유가 이것이죠. 눈에 생기는 병 중에 백내장이라고 있죠? 크리스탈린이 문제가 생겨 하얗게 되는 증상으로, 실명의 큰 원인 중 하나입니다.

알라딘 — 만약에 세포소기관이 없다면 투명하게 보일 수도 있겠군요.

반투명 — 안타깝지만 다른 문제가 있습니다. 인체에는 여러 가지 색소가 있어서 그 색상이 겉으로 드러납니다. 대표적인 예가 피부나 머리카락 색상을 결정하는 멜라닌, 그리고 피를 붉게 보이게 하는 혈색소입니다. 먼저 피가 붉게 보이는 이유를 알아볼까요? 피는 적혈구 때문에 붉게 보이는데, 적혈구가 붉은 이유는 헤모글로빈이라는 혈색소 때문입니다. 헤모글로빈은 산소와 쉽게 결합하기 때문에 호흡에서 산소 운반을 하는 데에 중요한 역할을 합니다. 그런데 흥미롭게도 오징어 피는 파란색이에요. 오징어의 혈색소는 헤모글로빈이 아니라 헤모시아닌이거든요. 헤모글로빈은 철(Fe)을, 헤모시아닌은 구리(Cu)를 산소 운반에 이용하기 때문에 사람과 오징어의 피 색깔이 다른 거죠.

이처럼 물질의 색상은 그 물질을 구성하는 분자의 특성에 의해 결정됩니다. 그래서 피를 투명하게 만들려면 혈색소가 헤모글로빈 대신 다른 투명한 물질이어야 하죠. 인체의 세포를 그대로 두고 투명인간이 될 방법은 없어요.

투명인간이 가진 문제점

알라딘 — 그러면 몸의 세포를 투명한 세포로 바꾼 다음 색소까지 없애면 투명해질 수 있다는 거네요?

반투명 — 네. 그렇게 하면 투명인간이 되겠죠. 하지만 그러한 세포로 구성된 사람은 우리가 아는 사람과는 전혀 다른 종류의 사람일 겁니다. 비유하자면 말랑말랑한 젤리 같은 사람이랄까요. 예를 들어 인간의 뇌세포는 뉴런이라는 신호를 전달하는 세포로 구성돼야 하고, 근육은 근세포로 이루어져야 제 기능을 합니다. 물론 이들 세포는 눈에 보이죠. 사람이 투명해지기 위해 이런 세포를 모두 투명한 세포로 바꾸면 제 기능을 못하겠죠? 투명인간이 되는 순간 정상적인 사람이 아니란 겁니다.

이빛나 — 덧붙이자면 어찌해서 투명인간이 됐다 하더라도, 그 사람은 앞을 보지 못할 겁니다. 만약 투명인간이 무엇을 본다면 수정체에서 빛을 굴절시켜 망막에 상이 맺히겠죠? 그러면 그 맺힌 상 때문에 존재를 들킬 겁니다. 그래서 이론상으로 투명인간은 남

들이 자신을 볼 수 없는 동시에 자신도 남을 볼 수 없습니다.

또한 반투명 교수님께서 말씀하신 젤리 같은 투명인간도 완전한 의미의 투명인간은 아닙니다. 행사장에서 쓰는 유리 조각상이나 얼음 조각상을 보세요. 분명 투명하긴 한데 눈에는 보입니다. 광원에서 나온 빛이 조각상 표면에서 반사되어 우리 눈에 들어오기 때문입니다.

물체가 완벽하게 투명해지려면, 즉 눈에 보이지 않으려면 빛을 전혀 반사·흡수·굴절시키지 않아야 합니다. 이게 가능한 물질은 공기밖에 없습니다. 한마디로 몸의 구성 물질을 공기처럼 만들면 완벽한 투명인간이 될 수 있지만, 그는 이미 사람이 아니겠죠. 공기와 같다면 그저 공기일 뿐이죠. 사람 자신이 투명해지는 것은 불가능합니다.

q u e s t i o n

영화 〈해리포터와 마법사의 돌〉에 등장하는 투명망토가 마법의 세계에서나 가능한 것이라 생각했는데, 인터넷을 보니 투명망토 영상이 있었습니다. 실제로 투명망토를 만들 수 있나요?

투명망토를 만들 수 있을까?

알라딘 — 투명망토 영상은 저도 봤는데 정말 흥미롭더군요. 이빛나 교수님! 그 원리가 뭔가요?

이빛나 — 투명해지기 위한 조건이 뭐였죠? 빛을 반사·흡수·굴절시키면 안 된다고 했죠. 즉, 물체가 빛을 반사·흡수·굴절하지 않고 그대로 통과시킨다면 어떨까요? 당연히 투명하게 보이겠죠. 이것이 투명망토의 원리입니다.

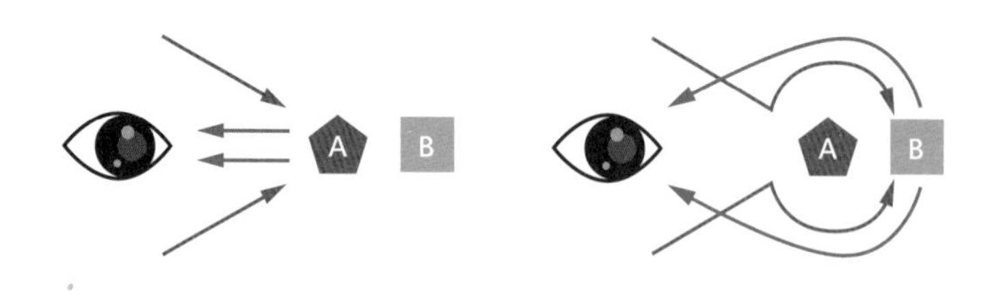

A에 가려 B가 보이지 않음　　A에 빛이 반사되지 않아 B만 보임

알라딘 — 그게 가능한가요? 조금 전에는 공기 외에는 그렇게 되지 않는다고 말씀하셨는데요?

이빛나 — 불가능해요. 영상 속 투명망토는 속임수입니다. 빛이 반사되거나 통과하는 특성을 이용한 것일 뿐 사람 자체를 투명하게 만든 것은 아니에요. 즉, 망토 뒤쪽 영상을 망토에 비춰서 빛이 통과한 것처럼 보이게 한 것입니다. 이렇게 하면 망토 부분이 투명한 것처럼 보입니다.

〈미션 임파서블: 고스트 프로토콜〉에 나온, 뒤에 있는 사람의 모습을 가려 주는 투명 스크린도 이와 같은 원리입니다. 실제로 많이 쓰이는 영상 특수 효과인 크로마키 기법이랑 비슷해요. 녹색 스크린을 배경으로 촬영한 영상에 다른 배경을 합쳐 편집하듯, 투명망토도 망토 뒤쪽의 영상을 망토 부분에 합성하는 겁니다.

조금 더 과학적으로 질문하기

눈의 구조: 눈과 카메라의 공통점과 차이점은?

눈과 카메라는 닮은 부분이 많아서 그 구조가 자주 비교된다. 눈의 수정체와 카메라의 렌즈는 빛을 굴절시켜 상을 맺게 하고, 눈의 맥락막과 카메라의 어둠상자는 빛을 차단해 상이 선명히 보이게 한다. 눈의 홍채는 카메라 조리개처럼 구경과 빛의 양을 조절한다. 이렇게 눈과 카메라는 닮은꼴이지만 눈은 어떤 카메라보다도 성능이 뛰어나다.

예를 들어 카메라는 거리에 따라 초점을 잡는 데 시간이 걸리지만, 눈은 가까이서 책을 보다가 먼 산을 바라봐도 바로 초점을 잡는다. 또한 카메라 렌즈는 흠집이 나지 않게 신경 써야 하지만 눈은 사소한 긁힘 정도는 저절로 회복한다. 마치 피부에 상처가 나더라도 세포분열을 통해 회복하듯, 살아 있는 세포인 각막도 세포분열을 통해 상처 부위를 아물게 한다.

시각과 눈: 눈은 사물을 어떻게 볼까?

사물에서 반사된 빛은 각막을 지날 때 굴절이 일어나고, 이 빛은 수정체를 지날 때 망막에 정확히 상이 맺힐 수 있도록 다시 한번 굴절된다. 눈으로 빛이 들어오면 망막에 있는 시각세포, 곧 원뿔세포와 막대세포가 이를 감지해 전기신호를 만든다. 그 전기신호가 시각신경을 통해 뇌로 전달되면 우리는 사물을 인식하게 된다. 원뿔세포에는 빛의 삼원색(빨간색, 초록색, 파란색)에 해당하는 세 종류의 세포가 있어 색상을 감지한다.

색상을 잘 구분하지 못하는 색맹은 원뿔세포 이상 때문에 생긴다. 비교적 밝은 곳에서는 원뿔세포가 빛을 감지하고, 주변이 어두우면 막대세포가 빛을 감지한다. 밤이 되면 색상을 잘 구분하지 못하는 이유가 여기 있다.

ON AIR

사람도 풍선처럼 부풀면 공중에 뜰까?

question

애니메이션 〈슈렉〉을 보면 슈렉이 피오나 공주와 데이트할 때 개구리와 뱀의 몸속에 공기를 잔뜩 넣어 풍선처럼 들고 다니는 장면이 나옵니다.
실제로 사람이나 동물의 몸속에 공기를 넣어 풍선처럼 부풀리면 공중에 뜰 수 있는지 궁금합니다.
또 엄청나게 큰 부피의 풍선에 사람을 매달면 뜨는지도 궁금해요.

뜨는 풍선과 가라앉는 풍선의 차이

알라딘 — 이번 질문에 답해 주실 물리학자 남보일 박사님과 공학자 고탄력 박사님 나와 주셨습니다. 제가 〈슈렉〉을 재미있게 봐서 그런지 답변이 무척 기대됩니다. 질문처럼 개구리와 뱀의 몸속에 공기를 넣으면 정말로 공중에 뜰 수 있나요?

고탄력 — 먼저, 개구리는 피부를 구성하는 단백질의 신축성이 고무 수준에 못 미쳐 풍선처럼 늘어날 수 없습니다. 그래서 이번 질문은 개구리가 풍선처럼 부풀 수 있다고 가정하고, 개구리 몸이 공기로 가득 찬다면 공중에 뜰 수 있는지 궁금하다는 것으로 정리할게요.

안타깝게도 개구리는 몸속에 아무리 공기를 빵빵하게 넣어도 뜰 수 없습니다. 당장 입으로 풍선을 불어 봐도 그 이유를 쉽게 알 수 있습니다. 입으로 공기를 넣은 풍선은 금세 바닥에 떨어지죠. 이는 부푼 풍선이 공기보다 가볍지 않기 때문입니다. 공기에 풍선의 무게까지 추가된 셈이니 공기보다 더 무거울 수밖에 없죠. 참고로 공기는 질소(78퍼센트)와 산소(21퍼센트)가 주성분이고, 이 밖에 약간의 아르곤, 이산화탄소 등이 포함되어 있습니다.

하지만 분명 공중에 뜨는 풍선이 있지 않냐고요? 맞습니다. 놀이공원 풍선에는 헬륨을 넣는데, 헬륨의 밀도(0.18g/L)는 기체 중에서 수소(0.09g/L) 다음으로 작으며 공기(1.3g/L)에 비해서는 훨씬 작습니다. 그래서 헬륨을 넣은 풍선은 공기보다 가벼우니 공중에 오래 뜰 수 있죠.

알라딘 — 개구리든 사람이든 아무리 풍선처럼 부풀어 봐야 그 안이 공기로 찼다면 공중에 뜰 수 없겠군요. 그렇다면 기체 중 제일 가볍다는 수소를 풍선에 넣으면 어떨까요?

고탄력 — 풍선에 수소를 넣으면 헬륨을 넣었을 때보다 더 잘

뜨긴 할 겁니다. 그러나 수소는 가연성 물질로 불에 잘 타기 때문에 조그만 불꽃이 있어도 폭발할 위험이 높습니다. 실제로 놀이공원에서 일부 비양심적인 상인들이 헬륨보다 값싼 수소를 풍선에 넣어 팔아 사고가 난 적도 있었죠.

수소나 헬륨 외에 뜨거운 공기도 여느 공기보다 가벼우므로 물체를 뜨게 하는데, 열기구가 그 예입니다. 하지만 풍선은 열기구가 아니니 뜨거운 공기를 주입하기도 어렵고 막상 넣더라도 쉽게 식는다는 문제가 있습니다.

물에 뜨기 vs. 공기 중에 뜨기

알라딘 — 다음 질문으로 가 보겠습니다. 커다란 풍선으로 사람을 공중에 띄우는 건 가능할까요? 수소는 위험하고 뜨거운 공기는 금세 식으니 헬륨 풍선이라면 가능할 듯한데요.

남보일 — 가능은 합니다. 대신 풍선에 헬륨을 엄청나게 넣어야겠지요. 사람의 무게를 공중에서 지탱해야 하니까요. 이때 풍선에 들어갈 헬륨의 양을 헤아리는 데 중요한 개념이 바로 부력이에요. 부력은 '기체나 액체 속 물체에 작용하는 압력(중력)에 반해 위로 뜨려는 힘'을 뜻합니다.

헬륨이 들어간 풍선은 부력을 받는데, 이 부력이 사람의 체중보다 크면 사람도 공중에 뜰 수 있습니다. 사람이 물속에 있으면 몸이 뜨려는 현상 때문에 부력의 존재를 쉽게 실감하지만 공기 중에서는 이를 잘 느끼지 못하죠? 그 이유는 물체에 작용하는 부력이 물속보다 공기 중에서 약하기 때문입니다.

알라딘 — 그렇다면 공기 중에서 헬륨 풍선을 가지고 어떻게 부력을 키울 수 있을까요? 사람을 뜨게 하려면 엄청난 힘이 있어야 할 텐데요.

고탄력 — 풍선 내부를 헬륨으로 가득 채워 부풀어 오르게 하면, 풍선 내부의 밀도는 낮아집니다. 헬륨은 공기에 비해 밀도가 무척 낮거든요. 따라서 무게도 공기보다 가볍습니다. 결국 풍선 내부가 헬륨으로 채워지면, 공기로 채워졌을 때에 비해 밀도는 낮아지고 무게는 가벼워집니다. 그런데 이와 동시에 생기는 현상이 바로 풍선에 작용하는 부력이 커지는 것입니다. 부력이 물체의 무게보다 커지면, 이론상으로는 아무리 무거운 물체라도 공중에 띄울 수 있다는 거죠.

부력의 크기는 '유체(기체, 액체)에서 물체가 차지하는 유체 부피의 무게'로 구해집니다. 무슨 말인지 어렵죠? 쉽게 설명해 보겠습니다. 물속에서 부피 1리터 페트병에 작용하는 부력은 1리터 부피에 해당하는 물의 무게(1킬로그램중)와 같습니다. 그렇다면 부피 20리터 생수병에 작용하는 부력은 20리터 부피에 해당하는 물의 무게와 같으므로 20킬로그램중이 되겠죠?

이 같은 무게의 부력이 중력의 반대 방향으로 작용하니(물체를 위로 뜨게 하므로), 크기가 큰 생수병일수록 물속에 넣으려 할 때 이를 더 큰 힘으로 눌러야 합니다. 만약 이때 생수병 속에 물이 있다면 그만큼의 무게가 아래로 향해 부력을 상쇄하니 누르는 힘이 덜 드는 거고요.

알라딘 — 한마디로 물체가 차지하는 부피가 클수록 부력이 커진다는 뜻이군요. 그런데 아까 물체에 작용하는 부력은 물보다 공기 중에서 훨씬 작다고 하셨잖아요. 사람이 공중에 뜨려면 헬륨 풍선을 얼마나 크게 만들어야 할까요?

고탄력 — 부피 20리터짜리 빈 생수통에 작용하는 부력은 물속에서 20킬로그램중인 데 비해 공기 중에서는 약 36그램중밖에 되지 않습니다. 부력의 차이가 엄청나죠? 이처럼 부력은 물속에서 크게 작용하지만 공기 중에서는 거의 있으나 마나 한 수준입니다. 20리터 빈 생수통의 경우, 공기 중에서는 중력의 반대 방향으로 불과 36그램의 힘밖에 안 미치니, 생수통의 무게가 이를 상쇄하고도 남죠.

그러면 정리해 보죠. 체중이 50킬로그램인 사람이 헬륨 풍선에 매달려 공중에 뜨려면 중력의 반대 방향으로 50킬로그램중 이상의 힘(부력)이 생겨야 합니다. 즉, 헬륨 풍선이 공기 중에서 차지하는 기체의 무게가 50킬로그램중보다 커야 가능한데요. 50킬로그램중에 해당하는 기체 부피를 환산해 보면 50세제곱미터입니다. 실제로 50세제곱미터에 해당하는 공기 무게는 65킬로그램중 정도지만 여기서 헬륨과 풍선의 무게를 빼야 하죠. 그러니 체중 50킬로그램 정도의 사람이 공중에 뜨려면 가로, 세로, 높이가 각각 50미터인 거대한 풍선에 헬륨을 가득 채워야 합니다.

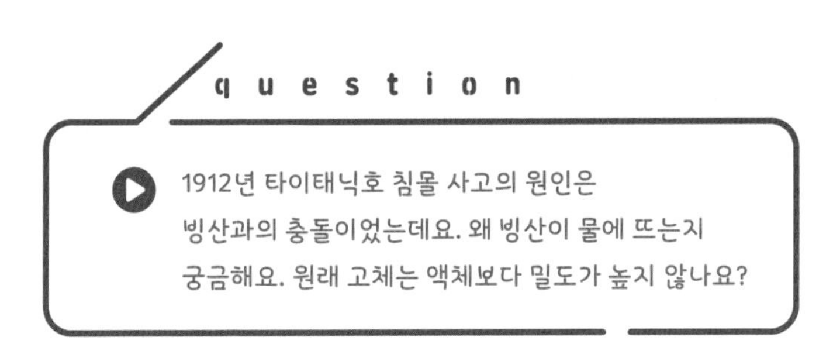

타이태닉호의 비극, 부력 때문이다?

남보일 — 아주 똑똑한 친구군요. 예리한 질문 감사합니다. 대부분의 물질은 액체에서 고체가 될 때 밀도가 커지기 때문에 고체가 되면서 가라앉습니다. 그런데 물은 예외예요. 물의 고체 상태인 얼음은 액체인 물보다 밀도가 낮아 물에 뜹니다. 만약 얼음의 밀도가 물의 밀도보다 컸다면 겨울철 호수에서 얼음이 계속 가라앉아 물고기들이 살아남기 힘들었을 거예요. 수심이 깊은 곳의 온도가 일정히 유지되는 게 불가능한 거죠.

그런데 빙산은 여느 얼음보다 무거운 데다 바닷물과 밀도 차이가 크지 않아 대부분 수면 아래에 있고, 수면 위로는 10퍼센트 정도만 나와 있어요. 그래서 눈으로 쉽게 발견하기 힘들다 보니 타이태닉호도 빙산을 미처 피하지 못했던 것으로 보입니다.

그런데 사고 당시 타이태닉호가 빙산과의 정면충돌을 피하려고 급히 진로를 바꾸지만 않았어도 피해가 적었을 거라는 의견도 있습니다. 타이태닉호가 진로를 바꿔 빙산과 측면으로 충돌하면서 파손된 면적이 오히려 커졌다고 해요. 결국 더 많은 바닷물이 들어와 배가 빠른 속도로 가라앉았죠. 배를 떠받치던 부력이 물로 불어난 배의 무게를 이기지 못해 안타까운 참사가 생긴 겁니다.

조금 더 과학적으로 질문하기

부력의 크기: 사해에서 사람이 뜨는 원리는 무엇일까?

사해는 중동 이스라엘과 요르단에 걸쳐 있는 큰 소금물 호수다. 사해의 소금물은 밀도가 매우 높아 같은 부피의 여느 바닷물보다 무겁다. 그래서 부력도 더 크게 작용한다. 사람의 몸은 바닷물과 비슷한 밀도를 가지는데 사해는 그보다 밀도가 높으므로 사해에서는 누워서 책을 볼 수 있을 정도다. 단, 물이 눈에 들어가면 매우 따가우므로 다이빙과 잠수는 금지되며, 몸에 상처나 염증이 있을 경우 원칙적으로 입장할 수 없다.

수소와 헬륨: 수소와 헬륨은 왜 가벼울까?

물질 중에서 가장 밀도가 낮은 것은 수소이며 다음이 헬륨이다. 수소와 헬륨이 밀도가 낮은 이유는 원자량이 작기 때문이다. 원자량은 '원자의 상대적인 질량'으로, 질량수가 12인 탄소 원자 ^{12}C의 질량을 12,00으로 정하고, 이것과 비교하여 다른 원자의 질량을 나타낸 것이다. 원자량은 원자핵에 양성자와 중성자가 많을수록 커진다.

수소는 양성자가 하나뿐이고 중성자는 없다. 헬륨은 양성자 2개와 중성자 2개로 수소보다 질량이 대략 4배 더 크다. 같은 온도, 같은 압력일 때 모든 기체는 같은 부피 속에 동일한 분자 수를 가지므로, 기체의 밀도는 기체의 원자량이 작은 분자들로 구성될수록 낮다. 이산화탄소(CO_2)는 탄소 원자 1개(원자량 12)와 산소 원자 2개(원자량 16×2=32)로 구성되어 있다. 그래서 이산화탄소의 분자량은 44로 질소(N_2)의 분자량(원자량 14×2=28)이나 산소(O_2)의 분자량(32)보다 크다. 그렇기 때문에 수소나 헬륨은 대기 위로 올라가고 이산화탄소는 바닥으로 가라앉는다.

ON AIR

음식을 먹으면 왜 힘이 날까?

question

힘쓰는 일을 제대로 못 하면 "밥 안 먹었냐?"는 핀잔을 듣기 십상입니다. '한국인은 밥심'이라는 말도 있고요. 그런데 왜 밥을 먹으면 힘이 나는지, 우리가 먹는 음식이 어떤 과정을 거쳐 에너지로 바뀌는지에 대해 제대로 알려 주는 사람이 없었어요. 이 궁금증을 꼭 해결해 주세요.

음식 속에 있는 것

알라딘 — 자동차가 연료로 움직이듯, 사람도 음식을 먹어야 물질대사가 이뤄지고 생활에 필요한 힘을 얻을 수 있죠. 그런데 음식이 몸속에서 에너지로 변하는 과정을 자세히 아는 사람은 생각보다 많지 않습니다. 그래서 영양학자인 소화해 연구원님과 생물학자인 김달걀 박사님 나오셨습니다. 음식이 어떻게 에너지로 바꿔는지는 소화해 연구원님께서 설명해 주시겠어요?

소화해 — 음식이 에너지로 바뀌는 원리를 이해하려면 음식 속에 무엇이 있는지부터 알아야겠죠? 우리가 음식을 먹는 이유는 바로 영양소를 섭취하기 위해서죠. 영양소는 크게 3대 영양소와 부영양소로 나뉘는데, 3대 영양소는 우리가 잘 아는 탄수화물, 단백질, 지방입니다. 생물체의 영양에 가장 중요한 성분으로 모두 에너지원으로 쓰이죠. 부영양소는 에너지원으로는 잘 쓰이지 않지만 발육과 생리작용을 유지하는 데 필수적입니다. 칼륨, 나트륨, 칼슘, 인, 철 등의 미네랄이나 비타민, 효소 등이 그러하죠.

3대 영양소와 관련해서는 1그램당 각각 얼마의 열량을 가지는지 학교에서도 배웁니다. 열량은 '열에너지의 양'을 뜻하는 말로, 음식물의 열량은 그것이 연소할 때 발생하는 열에너지를 측정해 구할 수 있어요. 열량의 단위는 보통 칼로리(cal)로 표기하며 수치가 클수록 음식물에 많은 에너지가 있다고 할 수 있죠. 탄수화물과 단백질은 1그램당 4킬로칼로리(kcal), 지방은 1그램당 9킬로칼로리의 열량을 내요. 참고로 1킬로칼로리는 1,000칼로리입니다.

알라딘 — 음식물의 열량은 그것이 연소할 때 발생하는 열로 구할 수 있군요. 그렇다면 사람이 음식으로 섭취한 영양소가 에너지를 발생시키는 원리에 대해 설명해 주시겠어요? 혹시 영양소도 연소를 일으켜 에너지를 발생시키는 건 아니겠죠?

김달걀 — 몸속에서 영양소가 연소한다면 끔찍한 사태가 벌어지겠죠. 영양소는 다른 과정으로 에너지를 발생시킵니다. 설탕을 예로 들어 볼게요. 설탕을 연소시키면 설탕 속 영양소에 있는 에너지가 빛과 열로 나와요. 이 과정에는 산소가 필요하죠.

우리 몸의 세포도 마찬가지예요. 우리가 설탕을 섭취하면, 이는 소화·흡수된 뒤 온몸의 세포로 이동됩니다. 그러면 세포는 산소를 이용해 설탕에서 얻은 영양소를 이산화탄소와 물로 분해하여 에너지를 발생시키죠. 이러한 과정을 '세포호흡'이라고 합니다. 즉, 사람 몸에서 에너지가 만들어지는 과정은 연소가 아니라 산화(어떤 물질이 산소와 결합하거나 수소를 잃는 일)와 관련이 있습니다. 결국 느린 속도의 산화 과정이 에너지 생성의 비결인 셈이죠.

알라딘 — 세포가 호흡한다니 조금 낯설게 느껴집니다. 원래 호흡은 폐에서 일어나는 것 아닌가요?

김달걀 — 네. 우리의 폐는 호흡하면서 밖의 산소를 받아들이고 이산화탄소를 내놓습니다. 사람들은 흔히 호흡이라 하면 숨쉬기만 생각해 폐호흡이 전부인 줄 알지만, 폐호흡은 외호흡에 해당해요. 우리가 느낄 수는 없어도 몸속에서는 세포가 산소를 흡수하고 이산화탄소를 내놓는 내호흡도 일어나요. 앞에서 말한 세포호흡이 바로 내호흡입니다. 이 세포호흡 덕분에 세포는 산소와 반응하며 영양소를 에너지로 만듭니다.

음식이 에너지가 되는 과정

알라딘 — 음식뿐만 아니라 호흡도 에너지를 만드는 데 꼭 필요한 요소군요.

김달갈 — 맞습니다. 음식과 호흡 모두 사람이 에너지를 얻는 근원이에요. 한편 우리가 먹은 음식을 몸속에서 분해하거나 합성하여 생명 활동에 필요한 에너지를 얻는 일은 물질대사를 통해 가능합니다. 물질대사는 간단한 분자를 더 크고 복잡한 분자로 만드는 '동화작용', 복잡한 분자를 더 작고 간단한 분자로 만드는 '이화작용'으로 나뉩니다. 지구상의 모든 생명체는 동화작용과 이화작용을 거쳐 물질대사를 해요.

동화작용의 대표적 사례는 식물의 광합성입니다. 식물은 빛에너지를 이용해 이산화탄소와 물로 포도당을 합성하고 그중 일부를 녹말이나 셀룰로스 등 고분자 물질 형태로 저장해요. 광합성의 화학반응식을 보면 뒤로 갈수록 분자구조가 복잡해져 동화작용이 일어남을 확인할 수 있죠.

이와 반대로 동물이 음식물을 소화하는 과정은 이화작용의 사례입니다. 음식물은 몸에서 여러 단계의 소화 과정을 거치며 갈수록 더 작은 분자로 쪼개집니다. 3대 영양소가 우리 몸속 세포에 흡수되려면 탄수화물은 포도당, 단백질은 아미노산, 지방은 지방산과 모노글리세리드로 분해돼야 하듯이 말이죠.

여기서 우리가 꼭 알아야 할 사실은 동화작용과 이화작용에서는 에너지 작용이 정반대로 일어난다는 거예요. 저분자 물질을 고분자 물질로 합성하는 동화작용에서는 에너지가 저장됩니다. 반면에 고분자 물질을 단순한 분자로 분해하는 이화작용에서는 에너지가 방출되죠. 이 두 가지 상반된 현상이 모든 생명체의 물질대사에서 일어납니다.

알라딘 — 소화란 그저 잘되거나 혹은 안되는 것이라고만 여겼는데, 이렇게 복잡한 과정을 거쳐 이루어지고 있었군요. 자세히 알려 주신 덕분에 음식물 소화에 에너지가 필요한 이유도 이해할

수 있었어요. 앞서 우리 몸으로 흡수된 영양 성분이 세포호흡을 통해 산화되면서 에너지를 발생시킨다고 설명해 주셨는데요. 그렇다면 에너지는 몸속에서 어떻게 저장되고 관리되나요?

김달걀 — 사람이 먹는 음식이나 쓰는 에너지의 양은 결코 일정하지 않습니다. 그래서 에너지가 남으면 이를 저장했다가 부족할 때 꺼내 쓰는 기능이 꼭 필요하죠. 다행히 우리 몸에는 에너지를 특정 형태의 물질로 저장해서 필요할 때 꺼내 쓰는 시스템이 있습니다. 그 물질이 바로 '아데노신 3인산'이라고 하는 ATPadenosine triphosphate예요.

ATP는 미토콘드리아 내에서 합성되며, 우리 몸에서 에너지가 필요할 때 인산 하나를 떼어 '아데노신 2인산'인 ADPadenosine diphosphate로 변하는 과정에서 화학에너지를 발생시킵니다. 이렇게 생긴 ADP는 나중에 인산 하나가 붙는 산화 과정을 통해 다시 ATP로 변할 수도 있습니다. 이때는 반대로 에너지가 저장됩니다.

즉, ADP에 인산이 하나 붙으면 에너지가 저장되고, 다시 인산이 떨어지면 에너지를 내보내는 원리에 의해 에너지 관리가 가능한 거예요.

question

전 남들보다 덩치도 크고 과체중이어서 고민인데, 제 친구는 저와 똑같이 먹고도 늘 날씬한 몸매를 유지합니다. 도대체 왜 이런 차이가 생기는 건가요?

같이 먹었는데 왜 나만 살이 찔까?

알라딘 — 같은 음식을 먹고도 누구는 살이 찌고 누구는 살이 찌지 않는 이유, 저도 참 궁금합니다. 소화해 연구원님께서 말씀해 주시겠어요?

소화해 — 과체중이나 비만의 원인은 워낙 다양해 그 이유를 바로 말하기는 어렵지만, 비만이 대사성 질환이라는 점에서 한 가지는 분명히 말씀드릴 수 있습니다. 바로 비만인은 기초대사와 신체 활동에 쓰는 에너지보다 음식물로부터 얻는 에너지가 많다는 사실입니다. 대사성 질환은 운동 부족이나 영양 과잉 등의 생활 습관이 큰 원인입니다.

그런데 먹는 양은 같은데 누구는 날씬하고 누구는 살이 쪘다면, 살이 찐 사람은 날씬한 사람보다 신체 활동이나 기초대사량, 즉 생명을 유지하는 데 최소로 필요한 에너지 양이 적을 가능성이 높아요. 신체 활동과 기초대사량을 모두 높이는 방법은 운동뿐이에요. 기초대사량은 근육량이 많을수록 늘어나기 때문이죠. 그 어떤 획기적인 다이어트 방법이 등장하더라도 이 원리를 벗어날 수는 없습니다.

조금 더 과학적으로 질문하기

? 열량: 열량과 칼로리는 같은 것일까?

열량은 물체가 가진 열의 양이다. 열은 에너지의 일종이니 열량도 에너지의 양을 나타낸다. 따라서 국제단위계에서는 열량을 나타낼 때 에너지 단위인 줄(J)을 사용한다. 열이 물질이 아닌 에너지의 일종이라는 사실은 영국의 물리학자 제임스 줄의 실험(열의 일당량 측정)을 통해 알려졌다. 이 실험으로 4.2줄의 역학적 에너지가 1칼로리의 열량과 같다는 것이 밝혀졌다. 이처럼 우리가 먹는 음식을 열에너지인 열량으로 환산해 표시하는 단위가 줄과 칼로리다.

? 에너지와 생태계: 생물이 쓰는 에너지는 어디서 왔을까?

생물이 살기 위해서는 에너지가 필요하다. 이 에너지의 대부분은 햇빛을 이용한 식물의 광합성에서 시작된다. 광합성을 하지 않는 생물은 빛에너지를 직접 활용할 수 있는 방법이 없으니 식물을 먹어 에너지를 얻는다. 광합성을 할 수 있는 생물을 '생산자'라고 하며, 생산자가 광합성으로 합성한 유기물의 총량을 '총생산량'이라고 한다. 그리고 총생산량 중에서 생산자의 호흡량을 뺀 나머지를 '순생산량'이라고 한다.

순생산량은 먹이사슬을 통해 초식동물이나 육식동물 등에 전달된다. 이 과정에서 에너지가 모두 전달되는 것은 아니다. 각 단계에서 많은 에너지가 생명 활동을 유지하는 데 사용되기 때문에, 그 일부만 다음 단계로 전달된다. 따라서 먹이사슬의 단계가 높아질수록 전달되는 에너지의 양은 감소한다.

한편 먹이사슬의 한 단계에서 다음 단계로 이동하는 에너지의 비율을 '에너지 효율'이라고 한다. 에너지 양과 달리 에너지 효율은 일반적으로 먹이사슬의 상위 단계로 갈수록 증가하는 경향이 있다. 그 이유는 상위 단계의 소비자일수록 영양가가 높은 동물성 먹이를 섭취하는 비율이 높기 때문이다.

2부

사물

만든 사람도 미처 몰랐던 이야기

ON AIR

게임을 만드는 데 과학 원리가 필요하다고?

question

전 게임을 좋아해서 시간이 나면 다양한 게임을 즐겨요. 또 게임 프로그래밍에도 관심이 많아 관련 지식을 열심히 찾아봅니다. 얼마 전 게임 제작에 과학 원리가 많이 활용된다는 사실을 알았어요. 전 과학을 잘 몰라서 어떻게 게임에 과학 원리가 이용되는지 감이 오지 않는데 자세히 알려 주세요.

게임을 만드는 핵심, 게임 엔진

알라딘 — 저도 평소에 지하철을 타거나 누군가를 기다릴 때 스마트폰 게임을 즐겨 합니다. 요즘 게임들은 제가 어릴 적 하던 게임들과 비교하면 화려한 그래픽과 놀라운 규모를 자랑하죠. 이런 최첨단 게임을 제작하는 데 과학 원리가 활용된다는 이야기를 저도 어디서 들은 것 같습니다.

이번 질문에 대한 쉽고 자세한 답변을 위해 물리학자 모중력 박사님과 프로그래머 고알파 님 나오셨습니다. 게임에 프로그래밍뿐만 아니라 과학 원리까지 활용하는 가장 흔한 사례는 어떤 게 있을까요?

고알파 — 요즘 게임은 영화 뺨칠 정도로 그래픽이 훌륭합니다. 현실감과 몰입감이 뛰어날 수밖에 없죠. 게임을 만드는 데 가장 필요한 것은 이른바 게임 기술 개발의 집약체라 불리는 '게임 엔진'입니다. 게임 엔진은 게임을 구동하는 데 필요한 다양한 핵심 기능을 담은 소프트웨어입니다. 보통 게임을 만들 때 각 게임 회사들은 먼저 게임 엔진을 개발하기도 하고, 기존에 있는 것을 이용하기도 합니다. 오늘날 세계에서 많이 쓰이는 게임 엔진으로는 언리얼 엔진과 유니티 엔진이 있습니다. 어떤 회사는 자신들만 쓰기 위해 자체적으로 게임 엔진을 개발하기도 해요.

게임 엔진은 크게 물리 엔진과 렌더링 엔진으로 나뉩니다. 물리 엔진은 게임 속 가상의 캐릭터와 물체에 실제 물리적 현상이 나타나도록 합니다. 중력이나 관성 등 각종 물리법칙이 적용되기 때문에 모든 움직임이 실제처럼 보여요. 렌더링 엔진은 3차원 그래픽 기술을 써서 게임 영상을 화면에 실물처럼 그려 줍니다. 그래서 렌더링 엔진을 그래픽 엔진이라고도 하는데요. 2차원 영상에 광원, 위치, 색상 등 실물 정보를 반영해 사실감이 돋보이는 3차원 영상을 만들죠.

렌더링의 경우, 그림 그릴 때를 떠올려 보면 이해가 쉬울 거예요. 가령 달걀을 그릴 때 타원형의 선을 그린 뒤 빛의 위치를 고려해 명암을 넣고 그림자를 그려서 입체감을 나타내는 것과 같아요. 정리하면, 사물의 광학적 특성을 고려해 화면을 구성하는 게 렌더링이며 이를 가능케 하는 작업 도구가 렌더링 엔진입니다.

알라딘 — 광학이라면 빛의 성질과 현상을 연구하는 학문으로 물리학을 이루는 주요 분야 가운데 하나이니, 게임 엔진에 과학

이론이 활용되는 것이네요.

오중력 — 네, 맞습니다. 렌더링 엔진에는 물체에서 빛이 반사돼 우리 눈으로 들어오는 과정과 빛의 특성이 반영됩니다.

현실 세계를 닮아 가는 게임

알라딘 — 그럼 물체의 움직임에 활용되는 물리법칙에 대해서도 자세히 설명해 주시겠어요?

오중력 — 물리학이란 현실 세계에서 물체가 운동하는 성질과 그 이치를 밝히는 학문입니다. 물리학자들은 그동안 여러 물리 법칙을 통해 물체의 움직임을 설명했어요. 예를 들어 물체가 땅으로 떨어지는 것은 중력에 의한 자유낙하운동으로 설명됩니다. 이때 떨어지는 물체에는 중력 때문에 이른바 '중력가속도'가 생겨서 1초당 낙하 속력이 9.8m/s씩 빨라집니다. 중력가속도는 물체에 작용하는 중력을 그 물체의 질량으로 나눈 것으로, 지구에서는 그 값이 대략 $9.8m/s^2$ 인 거죠. 게임 속에서 물체가 떨어지는 장면을 표현할 때 이 중력가속도를 적용하면, 물체의 움직임이 자연스럽게 보입니다.

알라딘 — 그렇다면 여러 움직이는 물체를 묘사할 때마다 따로 물리 계산을 해야 하나요?

모중력 — 게임의 현실감을 높이려면 장면이나 물체마다 물리 계산을 하는 게 맞아요. 이 수고를 대신해 주는 게 앞에서 말한 물리 엔진입니다. 물리 엔진 덕분에 과학자나 수학자가 아니어도 실감 나는 게임 개발이 가능하죠.

한때 인기 게임이었던 〈앵그리버드〉나 〈포트리스〉를 볼까요? 〈앵그리버드〉에서는 새총으로 목표물을 맞히고, 〈포트리스〉에서는 포탄을 발사해 상대방 탱크를 땅으로 떨어뜨려야 하죠? 이 게임들에서 발견할 수 있는 포물선운동은 고등학교 물리에 나오는 개념입니다. 만약 어떤 물체를 수평 방향으로 v의 속력으로 던진다고 생각해 보죠. 물체는 수평 방향으로는 속도가 일정한 일직선상의 운동, 즉 '등속직선운동'을 하고, 이와 동시에 수직 방향으로 '자유낙하운동'을 합니다. 결국 이 두 과정이 함께 작용하면서 속력과 방향이 변하는 포물선운동을 하게 되죠. 물리 엔진은 이런 운동을 물체에 구현합니다. 물리 엔진이 더 많은 요소를 고려할수록 물체의 움직임은 더욱 실감 나게 표현됩니다.

알라딘 — 물리 엔진이 개발되기 전에는 게임 속 물체의 움직임을 어떻게 표현했나요?

모중력 — 예전에는 게임 속 물체를 이른바 '강체'로 표현했습니다. 강체란 힘을 가해도 모양과 부피가 변하지 않는 가상의 물체를 뜻합니다. 그런데 모든 물체는 충돌하면 변형 및 진동이 일어난다는 점에서 강체는 실제로 존재하기는 힘든 모델이에요. 다만 강체 표현에는 복잡한 물리적 계산이 필요 없어 예전 게임에 널리 적용됐죠.

그래서 옛날 게임에서는 땅 위를 걸어가는 사람의 모습이 마치 철판 위를 걷는 로봇처럼 보였어요. 실제 사람이 걸어갈 때는 땅과 충돌하면서 미세한 진동이 일어나는데, 이를 게임에서 모두 표현하려면 고려해야 할 물리 요소들이 많으니 아예 무시한 거죠. 바람에 흔들리는 낙엽이나 머릿결 등도 표현하지 않았어요. 공기의 흐름을 계산해서 게임 속 물체의 움직임에 적용하는 게 어려웠기 때문입니다. 나중에 컴퓨터 성능이 좋아지고 물리 엔진이 개발되면서 게임 속 캐릭터나 물체들은 점점 실제와 비슷한 모습을 갖추었어요. 레이싱 게임을 예로 들어 볼까요? 1980년대에 개발된 〈랠리X〉라는 게임과 2010년대에 개발된 〈포르자 호라이즌〉

시리즈를 비교해 보면, 그래픽에서 얼마나 큰 차이가 있는지 느낄 수 있을 겁니다.

question

1인칭 슈팅 게임이나 롤플레잉 게임을 즐기는 학생입니다. 게임에서 미로나 지하실, 동굴 등을 지날 때 갑자기 괴물이 튀어나오곤 하는데요. 어떨 때는 실제로 제 등 뒤에서 덮치는 것처럼, 괴물이 다가오는 소리가 생생하게 들립니다. 분명 헤드셋에서 나오는 소리인데도 거리감과 공간감이 느껴지는데, 그 비결은 뭔가요?

몰입도를 높이는 음향 효과

알라딘 — 저도 한밤중에 가족 몰래 게임을 하다 옆에서 좀비 소리가 들려 고개를 돌려 보니 어머니가 서 계셔서 깜짝 놀란 적이 있습니다. 실제로 게임 속 소리에서 공간감이 느껴지도록 만드는 건 어떤 기술로 가능한가요?

고알파 — 게임을 하다 보면 음향 효과에 깜짝 놀랄 때가 있어요. 분명 소리는 헤드셋이나 스피커에서 나오는데, 여러 다른 위치에서 들려오는 것처럼 느껴지기 때문이죠. 이 기술은 인체의 주요 감각기관인 귀의 특성을 이용한 것입니다. 사람의 귀는 서로 거리가 떨어진 한 쌍이 하나의 기관을 이룹니다. 그래서 소리가 두 귀 중 어느 한쪽에 가까울 경우, 양쪽에 전해지는 소리 진동에 시간 차가 생겨요. 사람의 뇌는 이 시간 차를 아주 미세한 정도까지 구별하기 때문에, 이를 바탕으로 소리가 들려오는 방향을 구분할 수 있죠. 그런가 하면 물체의 거리감은 소리의 세기를 통해 감지할 수 있습니다. 소리가 작아지면 물체가 멀어지고, 소리가 커지면 물체가 다가온다고 느끼게 되죠. 결국 게임을 할 때 소리가 왼쪽이나 오른쪽 혹은 가깝거나 먼 곳에서 들려온다고 느끼는 이유는, 우리 뇌가 헤드셋을 통해 귀로 들어온 소리의 진동을 민감하게 분석해 방향과 거리감을 구분하기 때문이에요.

한편 공간감이 느껴지도록 하는 기술은 입체음향 기술이라고 합니다. 입체음향이란 "청취자가 음원이 존재하는 공간에 없더라도, 기술적·실제적 방법을 동원해 음향의 방향성을 제공하는 기술"을 말합니다. 이러한 입체음향은 1개의 스피커로는 쉽게 만들 수가 없어요. 여러 개의 스피커가 필요하죠. 대표적인 예로 영화관을 들 수 있습니다. 영화관에서는 많은 스피커가 여러 방향에서 관객을 둘러싸고 소리를 전달하기 때문에, 관객들은 마치 화면 속 현장에 있는 것과 같은 생생함을 느끼게 되죠.

그러면 헤드셋은 어떻게 공간감을 구현할까요? 그 방법은 크게 두 가지로 나뉩니다. 첫 번째는 간단히 말하면 헤드셋 내부에 진동판(드라이브 유닛) 유닛을 배치하는 방법입니다. 진동판이 각각의 스피커 역할을 하게 되죠. 두 번째는 가상으로 입체음향을 구현하는 방법입니다. 입체음향 기술을 통해 각 소리의 볼륨, 위상 등에 차이를 만들어 소리를 출력하는 거예요. 이때는 듣는 사람이 마치 여러 대의 스피커를 주위에 둔 것 같은 느낌을 받게 됩니다.

조금 더 과학적으로 질문하기

뉴턴의 운동 법칙: 관성 법칙, 가속도 법칙, 작용 반작용 법칙이란?

뉴턴의 운동 법칙만 적용해도 게임에서 물체의 움직임은 실제와 비슷하게 묘사된다. 뉴턴의 운동 법칙에는 관성 법칙(운동 제1법칙), 가속도 법칙(운동 제2법칙), 작용 반작용 법칙(운동 제3법칙)의 세 가지가 있다. 물체에 힘이 작용하지 않을 때, 물체는 관성 법칙에 따라 자신의 운동 상태를 유지한다. 힘이 작용할 때는 가속도 법칙에 따라 속도가 변하는 운동을 한다. 그리고 서로 힘이 작용하는 두 물체는 작용 반작용 법칙을 따른다. 이러한 뉴턴의 운동 법칙은 게임에서 물체가 어떻게 운동할 것인지를 알려 준다. 하지만 물체에 작용하는 힘을 찾아서 구현하는 일은 그리 간단한 문제가 아니다. 계산할 것이 늘어날수록 게임 제작은 그만큼 복잡해지기 때문이다.

유체역학: 물의 움직임을 공식으로 나타낼 수 있을까?

공기나 물처럼 흐르는 물체를 유체라고 한다. 강체와 달리 유체는 종류에 따라 운동의 특성이 다르므로, 이를 단순히 공식으로 표현하기는 어렵다. 이런 유체의 흐름을 묘사하기 위해서는 파이프 속 단순한 운동이라 해도 유체의 점성, 관의 지름, 압력 차이, 관의 길이 등등 다양한 값을 고려해야 한다.

유체의 흐름은 그 형태에 따라 흐트러지지 않고 일정하게 흐르는 층류, 소용돌이치면서 흐르는 난류로 구분된다. 층류는 유체의 움직임을 나타내기가 상대적으로 쉽다. 하지만 난류의 경우는 계산이 복잡하고 정확히 나타내기가 어려운데, 이처럼 복잡하고 무질서한 상태를 '카오스'라고 한다. 우리 주변의 대표적인 카오스계는 대기의 움직임으로, 날씨 예측은 그만큼 복잡하고 어렵다. 기상청이 아무리 최신 슈퍼컴퓨터를 쓰더라도 날씨를 정확히 예측하기 어려운 이유가 여기에 있다.

ON AIR

하이브리드 자동차는 심장이 2개라고?

question

화석연료로 인한 환경오염이 갈수록 심각하다고 합니다. 그래서 저희 집도 얼마 전에 자동차를 하이브리드 자동차로 바꾸었어요. 내연기관 자동차보다 연료 소비나 배기가스 배출이 적다는 이유 때문이었죠. 그런데 알고 보니 하이브리드 자동차도 휘발유나 디젤 연료를 쓰더라고요? 하이브리드 자동차는 어떻게 전기와 휘발유(또는 디젤 연료)를 모두 쓰면서 에너지를 절약하는지 그 원리를 설명해 주세요.

'2개의 심장'을 가진 하이브리드 자동차

알라딘 — 요즘은 도로에서 하이브리드hybrid 자동차나 전기 자동차를 어렵지 않게 볼 수 있습니다. 환경을 생각하는 사람들이 늘면서 친환경 자동차의 비중이 눈에 띄게 늘어나는 중이죠. 이러

한 친환경 자동차가 어떻게 에너지를 절약하는지 궁금하다는 질문이군요. 이번 질문에 답해 주실 자동차공학자 조은차 연구원님과 에너지공학자 애나지 박사님 나오셨습니다. 그럼 조은차 연구원님께서 먼저 하이브리드 자동차가 에너지를 절약하는 원리를 설명해 주시겠어요?

조은차 — 하이브리드 자동차는 엔진과 모터를 모두 가집니다. 그래서 2개의 심장을 가진 자동차라고도 하죠. 우리가 아는 내연기관 자동차는 엔진에서 연료를 연소시켜 동력을 얻습니다. 이와 달리 전기 자동차는 배터리에서 나오는 전기로 모터를 작동시켜 동력을 얻어요. 하이브리드 자동차는 주행 시 용도에 맞게 엔진과 모터를 번갈아 씁니다.

알라딘 — 엔진과 모터를 모두 쓰는 자동차라니 각각의 장점이 다 있을 것 같네요. 그럼 하이브리드 자동차가 에너지 소비를 어떻게 줄일 수 있는지 작동 원리를 토대로 설명해 주시겠어요?

조은차 — 하이브리드 자동차가 엔진과 모터를 모두 쓰는 목적은 에너지 소비 효율을 높이기 위함입니다. 고속 및 정속 주행을 할 때는 엔진을, 서행이나 일시 정지 후 출발할 때는 모터를 써서 효율을 높이죠.

예를 들어, 엔진은 신호 대기와 같은 일시 정지 상황에서도 작동하기 때문에 에너지 손실이 큽니다. 그런데 에너지 손실을 막는다고 일시 정지 중에 시동을 끄면 다시 출발하는 데 시간이 오래 걸리죠. 그리고 오히려 더 많은 연료를 쓰게 되는데, 이는 정지 상태에서 다시 동력을 얻으려 하면 엔진 내부로 많은 연료가 분사되기 때문입니다. 그래서 일시 정지 상태에서 내연기관 자동차는 시동을 끄지 않는 게 좋아요.

이와 달리 모터는 전류를 완전히 차단했다가 다시 작동시켜도 에너지 손실이 없습니다. 일시 정지 상태에서 부담 없이 에너지를 차단할 수 있죠. 그래서 자동차 정체가 심한 도심에서는 모터의 에너지 효율이 내연기관보다 훨씬 높습니다. 그러나 고속 및 정속 주행 시에는 엔진의 추진력과 에너지 효율이 더 높아요. 이렇게 엔진과 모터를 때에 따라 적절히 활용해 에너지 소비 효율을 극대화하는 게 하이브리드 자동차의 원리입니다.

멈추는 것도 다르다! 하이브리드 자동차의 '회생제동'

알라딘 — 모터의 에너지 소모가 적은 비결은 신호 대기와 같은 일시 정지 상황에서 전류를 즉각적으로 공급 또는 차단하는 것이라고 이해하면 될까요?

애나지 — 맞습니다만 더 중요한 비결이 따로 있어요. 하이브리드 자동차나 전기 자동차가 연료를 절약하는 비결은 브레이크입니다. 내연기관 자동차의 경우 브레이크를 밟으면 브레이크 패드가 바퀴에 있는 디스크(바퀴의 고무 안쪽에 있는 편평한 원판 모양의 부품)를 압착해 마찰을 일으켜요. 그러면 자동차의 운동에너지가 마찰로 인해 열에너지로 바뀌어 속력이 줄게 되죠. 실제로 브레이크를 자주 밟으면 마찰열이 발생해 바퀴에 있는 디스크가 뜨거워집니다.

이와 달리 하이브리드 자동차나 전기 자동차에서는 브레이크를 밟으면 이른바 '회생제동'이 일어납니다. 회생제동이란 하이브리드 또는 전기 자동차가 속도를 줄일 때 발생하는 운동에너지를 전력으로 바꾸는 것을 말하죠. 자동차가 속도를 줄여서 운동에너지가 발생하면, 모터의 역할이 엔진에서 발전기로 바뀌면서 운동에너지를 전기에너지로 바꾸게 되죠. 이때 만들어진 전기는 자동차 내부 배터리에 저장되었다가 모터 등 차내 전기 기기에 사용돼요. 즉, 내연기관 자동차처럼 에너지가 열로 빠져나가지 않으므로 에너지 손실을 막을 수 있는 거죠.

결국 하이브리드 자동차나 전기 자동차의 모터는 엔진이자 발전기 역할까지 합니다. 모터가 발전기와 같은 구조인 데다, 몸체도 코일과 자석으로 이루어져 있어 코일에 전자기유도(코일 주변의 자기장 변화에 의해 코일에 유도전류가 흐르는 현상)를 일으키거든요. 그리고 자동차가 다시 달릴 때는 모터가 배터리로부터 전기를 공급받아 이를 운동에너지로 바꿈으로써 동력이 발생하게 됩니다.

알라딘 — 모터가 에너지를 저장하는 것은 물론 바꾸는 데에도 중요한 역할을 하는군요.

에나지 — 그렇습니다. 내연기관 자동차에서는 연료의 화학에너지가 연소와 동시에 열에너지로 바뀌었다가 다시 운동에너지로 바뀝니다. 다양한 형태의 에너지 변환이 일어나지만 에너지가 저장되는 시스템이 없습니다. 그래서 운동에너지의 근원인 연료가 떨어지면 자동차가 절대로 움직일 수 없죠.

question

영화 〈매트릭스〉에는 인공지능 컴퓨터가 사람의 몸에서 나오는 열로 에너지를 얻는 장면이 나옵니다. 실제로 사람 몸에서 나오는 열을 다른 에너지로 바꾸는 기술이 발명됐는지 궁금해요.

곡식처럼 에너지를 수확한다고?

알라딘 — 하이브리드 자동차가 필요에 맞게 에너지를 바꿔 유용하게 쓰는 것처럼, 사람의 몸에서 나오는 열을 적절히 활용하는 기술이 발명됐는지 궁금하다는 질문입니다. 이번 질문은 애나지 박사님께서 설명해 주시죠.

애나지 — 결론부터 말씀드리면 관련 기술은 오래전에 개발됐습니다. 그 대표적 사례가 열전소자입니다. 열전소자는 열에너지와 전기에너지의 변환을 실행하는 반도체 소자예요. 그래서 열전소자를 옷이나 신발 깔창 등에 붙이면 몸에서 약간의 전류를 얻을 수 있어요. 또한 인체가 받는 다양한 압력을 전기로 바꾸는 기술도 개발됐는데, 이것은 압전소자라고 합니다. 인체에 압전소자를 부착하면 걷거나 기침만 해도 전기를 얻을 수 있죠.

이처럼 자연적인 에너지원으로부터 발생하는 에너지를 모아 재활용하는 기술을 '에너지 하베스팅energy harvesting'이라고 해요. 에너지 하베스팅의 응용 분야가 넓어지면서 공장 굴뚝에서 발생하는 열을 재활용하거나 자동차의 과속방지턱 밑에서 전기를 얻는 것도 가능해졌어요. 갈수록 에너지 절약과 환경보호에 대한 인식이 강화되면서 관련 분야의 연구는 매우 활발한 상황입니다.

조금 더 과학적으로 질문하기

전기에너지: 축전지와 축전기의 차이는?

축전지와 축전기는 이름이 비슷하지만 원리는 전혀 다르다. 먼저 축전지는 배터리(전지)의 일종으로 전기에너지를 화학에너지의 형태로 저장했다가 필요할 때 다시 전기에너지로 바꿔 쓰는 장치이다. 휴대전화나 전기 자동차 등 전기에너지가 필요한 곳에 축전지가 쓰인다. 배터리의 모양이나 사용되는 물질은 종류에 따라 다르지만 양극, 음극, 전해질, 분리막으로 구성되는 구조가 일반적이다.

축전기는 전기에너지를 일시 저장하는 장치로 흔히 콘덴서나 커패시터라고 부른다. 축전기는 두 장의 금속판 사이에 절연체를 넣은 형태로, 두 금속판을 전극으로 하여 전압을 걸면 음극에는 (-) 전하가, 양극에는 (+) 전하가 같은 크기로 모인다. 이때 모이는 전하량은 전압에 비례한다. 축전기는 이런 원리를 이용하여 전자회로에서 전하를 충전하거나 방전하는 역할을 한다. 가장 익숙한 축전기 사용의 예가 카메라 플래시인데, 축전기가 일시적으로 전기를 모았다가 한 번에 내보내 강한 빛을 내는 방식이다. 이 외에 축전기는 회로의 전압을 일정하게 유지하거나 노이즈를 제거할 때에도 쓰인다.

태양전지: 햇빛이 어떻게 전기로 바뀔까?

태양전지는 광전효과를 이용해 전기를 얻는다. 여기서 광전효과란 금속 등의 물질에 빛을 쪼이면 물질이 전자를 방출하는 현상이다. 이 효과를 통해 전위차(전압)가 생기면 전류가 흐른다. 햇빛이 사실상 무한에 가깝기 때문에, 태양전지는 친환경적이라는 장점이 있다. 하지만 날씨 변화 등에 따른 효율에 한계가 있으며, 태양전지를 만드는 물질에 수명이 있고 가격 문제도 있어서 이를 해결하기 위한 꾸준한 연구가 이뤄지고 있다.

ON AIR

세발자전거가 더 잘 넘어진다고?

question

전 활동적인 편이어서 야외 스포츠에 관심이 많습니다. 특히 인라인스케이트와 스케이트보드를 자주 즐기죠. 요즘은 제 동생도 야외로 나와 저한테 두발자전거 타기를 배웁니다. 그런데 자꾸 넘어지니까 자기는 세발자전거가 좋다며 투덜거리네요. 제 생각에 세발자전거가 모든 상황에서 더 안정적인 것은 아닌 듯하거든요. 그 과학적 이유를 알려 주세요.

무게중심과 안정성은 어떤 관계일까?

알라딘 — 질문한 친구가 동생에게 두발자전거 타는 법을 가르쳐 주는데 동생은 넘어지는 것에 두려움을 느끼네요. 그래서 세발자전거의 안정성 문제를 지적해 주고 싶은 듯합니다. 이에 과학적 답변을 해 주실 발명가 에디슨 님과 물리학자 김로봇 박사님 와 주셨습니다. 먼저 에디슨 님께서 두발자전거와 세발자전거의 안정성에 대해 설명해 주시겠어요?

에디슨 — 일단 세발자전거는 두발자전거보다 훨씬 안정적입니다. 두발자전거는 가만히 세워 두기도 힘든데 세발자전거는 몸체를 늘 안정적으로 지탱하죠. 이 차이는 자전거가 기울어졌을 때, 무게중심에서 지면을 향해 수직으로 그은 선의 위치가 각각 다르기 때문입니다.

무게중심이란 물체가 갖는 무게의 중심 지점으로, 무게중심에 실을 매달거나 그 아래를 받치면 물체가 어느 쪽으로도 치우치지 않고 균형을 잡을 수 있습니다. 이는 질량의 중심과 일치해요. 예를 들어 손가락 위에 연필을 가로로 올리면 대부분 어느 한쪽으로 기울다 떨어지죠? 그런데 떨어지지 않고 균형을 잡는 지점이 있습니다. 바로 이때 손가락에 닿은 지점의 수직 위쪽에 연필의 무게중심이 있는 것이죠.

이처럼 무게중심은 물체의 균형 유지와 매우 밀접한 관련이 있습니다. 참고로 볼링공처럼 밀도가 일정하고 사방이 대칭을 이루는 물체는 물체의 중심이 무게중심이지만 그렇지 않은 경우는 무게중심도 달라집니다. 가령 망치처럼 밀도가 부분마다 다르면 무게중심은 가운데가 아니라 더 무거운 쪽으로 향하게 되죠.

물체가 안정된 상태를 유지하려면, 물체는 무게중심이 그 물체를 받치고 있는 곳이나 매달린 곳을 연직(어떤 직선이 다른 직선이나 평

면에 대하여 중력 방향으로 수직인 상태)으로 지나는 선 위에 있어야 합니다. 이를 벗어날 경우 물체는 쓰러져요. 예를 들어 사람이 안정감 있게 서 있으려면 몸을 받치고 있는 발바닥 연직 위쪽에 무게중심이 놓여야 하죠.

다음 그림을 한번 볼까요? 어느 쪽이 안정된 상태일까요? 네, ①번 도형입니다. 즉, 물체의 무게중심이 그 물체를 받치고 있는 곳을 연직으로 지나는 선 위에 놓여 있으면 안정된 상태가 되고(①), 연직으로 지나는 선 위에 놓여 있지 않으면 그 물체는 넘어집니다(②).

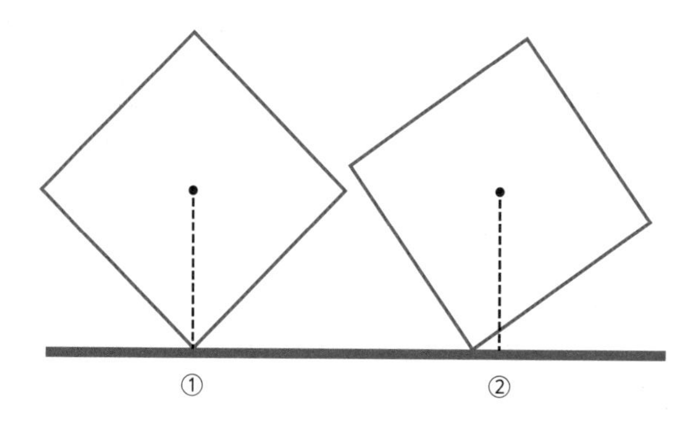

두발자전거의 무게중심에서 지면에 수직으로 그은 선이 두 바퀴 사이에 있을 때는 자전거가 서 있을 수 있습니다. 하지만 두발자전거는 두 바퀴 사이의 면적이 좁아서 조금만 기울어져도 무게중심에서 지면에 수직으로 그은 선이 이를 벗어나 쓰러지기 쉽습니다. 이와 달리 세발자전거는 무게중심에서 지면에 수직으로 그은 선이 세 바퀴를 이은 삼각형 사이에 항상 놓이므로 훨씬 안정적이죠.

알라딘 — 가구나 건축물의 아래쪽 면이 넓은 것도 다 무게중심을 떠받치려는 이유 때문으로 볼 수 있나요?

에디슨 — 그렇습니다. 물체와 지면이 접촉하는 면적이 넓을수록 물체의 무게중심에서 지면에 수직으로 그은 선이 지면과 맞닿을 가능성이 높으니 안정적입니다. 무게중심이 낮을수록 안정적이고, 높을수록 불안정한 것도 이 때문입니다. 도미노를 세로 대신 가로로 세우면 상대적으로 잘 쓰러지지 않는 이유가 바로 여기에 있죠.

세발자전거, 달릴 때도 안정적일까?

알라딘 — 그런데 질문한 친구는 왜 두발자전거가 때로는 세발자전거보다 안정적이라고 할까요? 균형을 잡기 힘들면 그만큼 위험성이 커질 수밖에 없을 텐데요.

김로봇 — 제가 앞에서 말한 비교는 정지 상태일 때 이야기입니다. 자전거가 일단 달리면 두발자전거든 세발자전거든 모두 균형을 유지하는 상황입니다. 그러니 무게중심에 따른 안정성 문제는 해결된 셈이죠. 따라서 우리가 주의 깊게 봐야 하는 것은 곡선 구간에서 방향을 틀 때의 안정성입니다. 질문한 친구는 동생에게 세발자전거가 방향을 틀 때 두발자전거보다 위험하다는 점을 알려 주고 싶은 것으로 보여요.

자전거가 구불구불한 길을 달리려면 손잡이를 틀어 바퀴의 방향을 바꿔야 합니다. 이때 바퀴는 원하는 방향으로 바로 진행 방향을 바꾸지만 우리 몸은 관성에 의해 앞으로 계속 나아가려고 해요. 그러니 몸은 바퀴의 각도에 비해 상대적으로 바깥쪽으로 쏠려서 바퀴에는 원의 중심으로 향하는 구심력이, 몸에는 원 밖으로 나가려는 원심력이 작용하죠. 이때 넘어지지 않으려면 바깥으로 향하는 몸을 손잡이 방향에 맞춰서 적절히 기울일 필요가 있습니다.

알라딘 — 그런데 그건 두발자전거와 세발자전거에 모두 해당하는 이야기 아닌가요?

김로봇 — 사이클 전용 경기장인 벨로드롬에서 하는 경기를 보면, 자전거가 직진하다가 곡선 구간을 돌 때 자전거와 선수가 거

의 바닥에 붙을 정도로 기울어지는 것을 알 수 있어요. 곡선 구간을 돌 때 선수의 몸은 앞으로 나아가려는 관성으로 바깥쪽으로 쏠리니, 최대한 몸을 안쪽으로 기울여야 자전거 밖으로 튕겨 나가지 않죠. 그런데 세발자전거는 자전거 몸체를 기울이는 것부터 어렵습니다. 정지 상태에서의 안정적인 구조가 회전 상황에서는 오히려 불리하게 작용해요.

이는 자동차의 구조를 떠올리면 쉽게 이해됩니다. 바퀴가 4개 달린 자동차는 두발자전거처럼 차체를 어느 한쪽으로 기울이기 어려워 회전 구간에서는 속도를 줄여야 합니다. 그렇지 않고 속도를 유지하거나 높이면 차체가 뒤집힐 위험이 커요. 같은 원리로 회전 구간을 빠르게 달릴 때는 지면과의 접촉면이 적은 두발자전거가 세발자전거보다 훨씬 유리합니다.

question

전 열차 여행을 참 좋아합니다. 쭉 뻗은 선로 위를 달리는 열차 안에서 바깥 풍경을 감상하면 지친 마음이 치유되곤 하죠. 그런데 예전 외국 여행 때 탄 열차는 구불구불한 산속 선로를 달리는 경우가 많더군요. 그 열차는 어떻게 전복되지 않고 빠른 속도로 곡선 구간을 달릴 수 있는지 궁금합니다.

기차가 곡선을 빠르게 달리는 비결

알라딘 — 자전거나 오토바이는 바퀴가 2개뿐이라 곡선 구간을 돌 때 몸체를 기울이기 쉬운데 열차는 그렇지 않잖아요? 게다가 차체도 길어서 곡선을 도는 데 부담이 매우 클 거 같은데, 어떻게 속도를 줄이지 않고 달릴 수 있죠?

에디슨 — 회전 구간을 달리는 열차를 설명하기에 앞서 자동차 이야기를 잠깐 해 보겠습니다. 앞에서 자동차가 곡선 도로를 빠르게 달리면 뒤집힐 위험이 크다고 했습니다. 이 문제를 해결하기 위해 곡선 도로의 일정 구간에는 '편경사'가 적용되는데요. 이는 곡선 도로 구간에서 도로의 바깥쪽이 더 높도록 각도를 기울인 것을 말합니다. 그 덕분에 자동차가 밖으로 튕겨 나가지 않고 비교적 빠른 속도로 곡선 구간을 돌 수 있죠.

열차는 자동차에 비해 무게중심이 더 높은 데다 차체가 매우 길어 회전에 따른 위험성이 훨씬 큽니다. 그래서 아예 곡선 구간 주행에 적합한 열차를 따로 만들어요. 그것이 '틸팅 열차tilting train'입니다. 틸팅 열차는 곡선 구간 주행 시 차체를 아예 곡선 안쪽으로 기울일 수 있습니다. 그 덕분에 원심력이 상쇄돼 일정 속도를 유지하죠. 틸팅 열차는 곡선 선로에서도 시속 200킬로미터 정도를 유지해 열차의 평균속도를 보완했다는 평가를 받습니다.

우리나라에서도 2001년부터 틸팅 열차 개발이 시도돼 2007년 시험 운행이 완료되고 2013년부터 상용화될 예정이었지만, 비슷한 시기에 곡선 철로의 직선화 작업이 완료돼 현재는 운행되지 않는 상태입니다. 그러나 산악 지형을 오가는 선로가 많은 외국에서는 틸팅 열차가 활발히 운행됩니다.

조금 더 과학적으로 질문하기

힘의 평형: 한 물체에 여러 힘이 작용하면 무슨 일이 생길까?

물체는 힘이 작용하지 않으면 자신의 운동 상태를 유지하려 한다. 이를 관성이라고 한다. 정지한 물체는 계속 정지해 있으려 하고, 운동하는 물체는 계속 등속직선운동을 하려고 한다. 물체에 힘이 작용하면 모양이 변하거나 운동 상태가 변한다. 물체의 속력이 변하거나 운동 방향이 변했다면 물체에 힘이 작용한 것이다. 하지만 힘이 작용한다고 항상 물체가 운동하는 것은 아니다.

왼쪽과 오른쪽에서 각각 10뉴턴(N)의 힘으로 서로 미는 경우를 생각해 보자. 서로 반대 방향으로 같은 크기의 힘이 작용하면 힘의 합력이 0이니 물체는 움직이지 않는다. 물체에는 하나의 힘만 작용할 때도 있지만 대부분 여러 힘이 동시에 작용한다. 이때 한 물체에 여러 힘이 작용할 때 물체에 작용하는 모든 힘을 합친 힘을 '합력' 또는 '알짜힘'이라고 한다. 알짜힘이 0인 경우는 '힘의 평형'이라고 하며, 이때 물체는 자신의 운동 상태를 유지한다.

무게중심과 안정성: 물체가 쓰러지거나 쓰러지지 않는 이유는?

안정되어 보이는데 쓰러지는 물체도 있지만, 쓰러질 것 같은데 잘 버티는 물체도 있다. 하지만 일반적으로 안정된 상태를 유지하는 물체의 경우 지면과 접촉하는 바닥이 넓고 위쪽으로 갈수록 좁아진다는 공통점이 있다. 바닥이 넓으면 무게중심에서 지면에 수직인 선이 물체를 지지하는 바닥을 벗어나지 않기 때문에 안정적인 것이다. 카메라 삼각대가 카메라를 안정적으로 지지할 수 있는 이유도, 무게중심에서 지면에 수직으로 그은 선이 다리 3개를 이은 삼각형 사이에 항상 놓여 있기 때문이다. 이탈리아 피사의 사탑이 쓰러질 것 같아도 쓰러지지 않는 이유 역시 탑의 무게중심에서 지면에 수직인 선이 피사의 사탑 바닥을 벗어나지 않기 때문이다.

ON AIR

삶은 감자와 튀긴 감자는 왜 맛이 다를까?

question

전 감자를 아주 좋아해서 감자 요리는 무엇이든 잘 먹습니다. 감자를 삶아 으깬 것부터 볶거나 조린 것 등 어떤 요리도 다 좋아하죠. 그중에서도 가장 좋아하는 메뉴는 감자튀김입니다. 그러고 보니 하나의 음식 재료가 조리법에 따라 전혀 다른 맛을 내는 이유가 궁금해지네요. 삶은 감자와 튀긴 감자의 맛이 다른 이유를 설명해 주세요.

맛있는 튀김의 비밀, 온도

알라딘 — 요리에 관심 있는 친구들 많죠? 드디어 저희에게도 음식 이야기를 다룰 기회가 왔습니다. 저는 패스트푸드점에 가면 꼭 감자튀김이 있는 세트 메뉴를 시켜 먹습니다. 버거를 한입 가득 베어 물고 바삭바삭한 감자튀김을 곁들이면 세상 최고로 맛있거든요. 그런데 삶은 감자를 먹을 때는 이만한 감동을 느낄 수 없어요. 이번 질문은 똑같은 감자 요리인데 왜 삶은 감자와 감자튀김은 맛에서 큰 차이를 보이는지입니다. 요리 전문가인 고든지 셰프와 화학자 김이삭 박사님 나오셨습니다. 삶은 감자와 감자튀김, 이 둘의 맛 차이에 숨은 비밀을 알려 주시겠어요?

고든지 — 감자를 삶는 것과 튀기는 것의 가장 큰 차이는 감자가 익는 온도입니다. 삶는 것은 끓는 물에 음식 재료를 넣어 조리하는 것으로, 순수한 물은 1기압에서 약 100도일 때 끓습니다. 일단 물이 끓기 시작하면 온도가 더 올라가지 않아요. 끓는점이 낮고 한 가지 물질로 이루어진 물은 계속 끓여도 온도가 올라가지 않죠. 튀기는 것은 뜨거운 기름에 음식 재료를 넣어 익히는 것으로, 기름은 끓이면 온도가 조금씩 계속 올라갑니다. 그 이유는 기름은 혼합물로 여러 가지 물질이 들어 있어 끓는점이 일정하지 않고, 끓는점 자체가 높기 때문입니다.

결국 기름이 물보다 끓는점이 높기 때문에 음식 맛에 차이가 생깁니다. 참고로 옥수수기름의 끓는점이 약 270도, 콩기름의 끓는점이 약 210도인데 실제로는 이렇게 높은 온도로 음식 재료를 튀기지는 않아요. 어쨌든 음식 재료를 높은 온도에서 요리하면 원재료에는 없는 맛과 향이 더해져 더 풍부한 요리가 가능하죠.

알라딘 — 조리 온도가 어떻게 맛을 바꾸는 거죠?

김이삭 — 음식이 맛있으려면 음식 재료의 맛을 돋우는 분자가

많이 생겨야 합니다. 그러기 위해서는 먼저 음식 재료 원자 사이의 단단한 결합이 끊어지는 화학반응이 일어나야 하는데, 이때 열이 중요한 에너지로 쓰여요. 즉, 음식 재료를 뜨겁게 요리할수록 화학반응이 왕성하게 일어나 다른 물질로 변화하면서 풍부한 맛을 내는 겁니다.

그렇다고 해서 이 화학반응이 유익한 분자만을 만드는 건 아닙니다. 예를 들어 감자를 120도 이상의 온도에서 튀기거나 가열하면 내부에서 아스파라긴과 포도당의 화학반응이 일어나 아크릴아마이드가 만들어지기도 해요. 접착제, 도료, 합성섬유 등에 쓰이는 유독 물질이죠. 그래서 오래 튀긴 감자를 많이 먹으면 몸에 해로울 수 있습니다.

튀길 때 나오는 기포의 비밀

알라딘 — 그렇다면 삶은 감자와 튀긴 감자의 맛 차이는 순전히 온도 때문인가요?

고든지 — 고온에서의 화학반응이 맛의 분자를 많이 만드는 건 맞지만, 이것이 맛을 전부 결정하진 않습니다. 사람들이 감자튀김을 좋아하는 데는 특유의 바삭하면서도 부드러운 식감이 한몫합니다. 눅눅한 감자튀김을 한번 상상해 보세요. 맛이 확 떨어진다고 느낄 겁니다.

삶은 감자는 푹 익으면서 수분을 흡수해 전체적으로 부드럽고 촉촉합니다. 이와 달리 튀긴 감자는 수분이 빠진 자리를 기름이 채우면서 보다 바삭하고 고소하죠. 감자의 두께가 얇을수록 수분이 잘 빠져나가고 기름이 잘 스며드니 식감이 더 바삭해집니다.

알라딘 — 식감이 맛에서 중요한 역할을 하는군요. 이건 다른 이야기입니다만, 달군 기름에 음식 재료를 넣으면 순간적으로 기포가 마구 솟아오릅니다. 이런 현상이 왜 일어나는지 평소에 궁금했는데 이것도 설명해 주세요.

고든지 — 튀김을 할 때 꼭 주의해야 할 점이 있습니다. 음식 재료를 기름에 넣기 전 수분을 잘 털어야 해요. 수분이 많은 음식 재료를 기름에 바로 넣으면 기름방울이 심하게 튀어 화상을 입을 수 있죠. 음식 재료를 튀기기 전 밀가루 반죽을 묻히는 이유가 이겁니다. 수분을 가두는 거죠. 음식 재료를 뜨거운 기름에 넣으면 100도 이상의 열로 인해 음식 재료 안의 수분이 수증기로 변합니다. 기름 속에서 그 수증기가 기포로 바뀌고 음식 재료는 그에 따른 부력으로 떠오르죠.

튀길 때 나오는 기포가 기름이 끓어 생긴 거라 생각하기 쉬운데, 실은 식료품 속 수분이 끓어 생긴 겁니다. 이 기포는 음식 재료를 튀길 때 기름 온도가 적절한지 판단하는 데 활용되곤 합니다. 요리 방송에서 음식을 튀기기 전 튀김 반죽을 작게 뭉쳐서 기름에 넣어 온도를 재는 장면이 자주 나옵니다. 기름 온도가 낮으면 음식 재료 주변에 기포가 생기지 않아 가라앉고, 반대로 너무 높으면 기포가 과하게 생겨 바깥으로 심하게 튀거든요.

튀김에 적합한 온도는 음식 재료에 따라 다르지만 대체로 기름 온도가 낮으면 음식 재료의 수분이 빠져나가기 전에 기름이 배어 들어 튀김이 눅눅해져요. 반면에 기름 온도가 너무 높으면 겉만 타고 속은 익지 않은 튀김이 되고 맙니다.

알라딘 — 냉동식품 중에 튀기는 게 참 많은데요. 혹시 냉동식품을 뜨거운 기름에 바로 넣어 튀겨도 문제가 없을까요?

김이삭 — 그 경우에는 음식 재료 속 얼음(고체)이 곧바로 수증기(기체)로 변하는 승화가 일어납니다. 즉, '고체 → 액체 → 기체'가 아니라 '고체 → 기체'로 건너뛰어 상태 변화가 일어납니다. 냉동식품에는 수분이 얼어 있으므로 수분이 많은 음식 재료를 튀길 때처럼 많은 기포가 생겨요. 기름방울이 밖으로 튈 위험도 높아지니 조심해야죠. 만일 기름 때문에 불이 나면 절대로 물을 뿌려선 안 됩니다. 뿌린 물이 뜨거운 기름과 섞이면 기름이 더 튀어 불길이 커져요.

알라딘 — 그저 맛있게 먹었던 튀김의 이면에는 그런 위험도 있군요. 그렇다면 감자를 튀길 때와 비슷한 온도로 오븐에서 구우면 감자튀김의 맛이 날까요?

고든지 — 감자를 얇게 썰어 오븐에서 구우면 일단 고소하고 바삭한 맛이 납니다. 하지만 튀길 때처럼 기름이 들어가지 않기 때문에 구이에 가까운 맛이 나죠.

question

전 바비큐를 좋아합니다. 그래서 가족과 함께 야외로 나가면 꼭 고기와 햄, 각종 채소를 숯불에 구워 먹는데요. 고기를 찌거나 삶는 것보다 구워 먹으면 훨씬 맛있는 이유가 뭘까요?

구운 맛을 만드는 마이야르 반응

알라딘 — 숯불갈비 집 앞을 지나면 고기 굽는 냄새에 배고파질 때가 많습니다. 고기를 삶거나 찌는 것보다 구울 때 훨씬 맛있는 이유가 뭘까요?

김이삭 — 구운 고기가 맛있는 이유도 고온에서 일어나는 화학 반응으로 설명됩니다. 대표적인 게 '마이야르 반응maillard reaction'이에요. 음식 재료를 뜨거운 불이나 열 위에서 구우면 갈색으로 익는 현상을 뜻합니다. 마이야르 반응은 음식 재료를 약 150°C 이상의 고온으로 조리할 때 나타나며 음식 재료의 특성에 따라 각기 다른 새로운 물질을 만들어요. 특히 고기나 양파를 구울 때, 커피를 볶을 때 특유의 맛과 향을 내는 효과입니다.

육류의 마이야르 반응은 약 200도 이상의 온도에서 구우면 일어나는데, 이는 아미노산과 당이 결합한 결과입니다. 흥미로운 사실은 이때 만들어지는 분자의 대부분이 휘발성이라 고기를 구울 때 유독 그 냄새가 진동한다는 것입니다.

조금 더 과학적으로 질문하기

풍미: 후각이 풍미를 결정한다?

흔히 우리는 혀로만 맛을 느낀다고 생각한다. 하지만 맛은 혀를 통해서만 느끼는 것이 아니다. 맛은 음식을 넣었을 때 입에서 느끼는 딱딱하거나 부드러운 감촉, 코를 자극하는 달콤한 냄새, 눈을 황홀하게 만드는 화려한 색감 등 촉각과 후각, 시각 등이 함께 어우러진 복합적인 감각이다. 이처럼 미각, 촉각, 후각, 시각과 함께 기분이나 감정에 이르기까지, 모든 감각기관이 동원되어 느끼는 맛을 '풍미'라고 한다. 이런 풍미에서 가장 중요한 요소는 의외로 미각이 아니라 후각이다. 사실 우리가 느끼는 음식의 맛 중 70~80퍼센트는 후각에 의존한다. 후각을 잃으면 우리는 사과와 감자 맛도 제대로 구분하지 못하게 된다.

맛과 분자: 어떤 물질이 맛을 느끼게 할까?

음식의 맛은 다양하지만 사람이 느낄 수 있는 기본 맛의 종류는 5가지다. 바로 단맛, 신맛, 쓴맛, 짠맛, 감칠맛이다. 단맛은 포도당과 같은 당의 맛으로 우리 몸의 에너지원으로 쓰인다. 신맛은 산의 맛으로 음식 속의 수소이온(H^+)에 의하여 나타나는 맛이다. 쓴맛을 느끼게 하는 물질의 종류는 다양한데, 식물 속 성분의 맛이 쓴맛일 때가 많다. 성인들과 달리 아이들이 나물 종류를 싫어하는 것도 쓴맛이 많기 때문이다. 짠맛은 소금(Na^+, Cl^-)의 맛이다. 감칠맛은 치즈, 육류, 토마토, 버섯 종류에 많이 들어 있다.

매운맛은 이름과 달리 맛이 아니다. 우리 혀에는 매운맛을 느끼는 맛세포가 없기 때문이다. 매운맛은 피부에 분포하는 감각점 중 통점과 온점이 느끼는 감각이다. 매운맛을 만드는 캡사이신은 휘발성 물질로 고추씨에 많이 들어 있는데, 고추를 쪼개 코에 대면 매운 기운을 느낄 수 있다.

ON AIR

에어컨은 왜 '땀'을 흘릴까?

question

전 더위를 무척 많이 타서 여름이 오면 매일 에어컨 앞에서 생활합니다. 에어컨을 틀면 몸을 감싸던 끕끕한 열기가 사라지고 시원한 물로 씻은 느낌이 나요. 그런데 에어컨이 작동할 때 밖의 호스로 물이 계속 나온다는 사실을 최근에야 알았습니다. 에어컨도 더워서 땀을 흘리는 걸까요? 그 물은 어디서 온 건지 궁금해요.

에어컨은 냉방만 하는 게 아니다!

알라딘 — 더울 때는 에어컨만큼 빠르고 좋은 약이 없죠. 그래서 더워지기 시작하면 각 가정에서는 에어컨 필터 등을 청소하며 기나긴 여름을 날 준비를 합니다. 이번 질문에 답해 주실 공학자 최강풍 님과 지구과학자 강이슬 교수님 나오셨습니다. 두 분 중에

어느 분이 먼저 설명해 주시겠어요?

최강풍 — 해답을 드리기 전에 에어컨이란 정확히 어떤 기계인지부터 알아보죠. 에어컨은 에어컨디셔너air conditioner의 줄임말로 공기 상태를 쾌적하게 하는 장치입니다. 에어컨의 기능을 단지 온도를 낮추는 것으로 생각하기 쉬운데요. 공기의 온습도를 조절한다는 것이 더 정확해요.

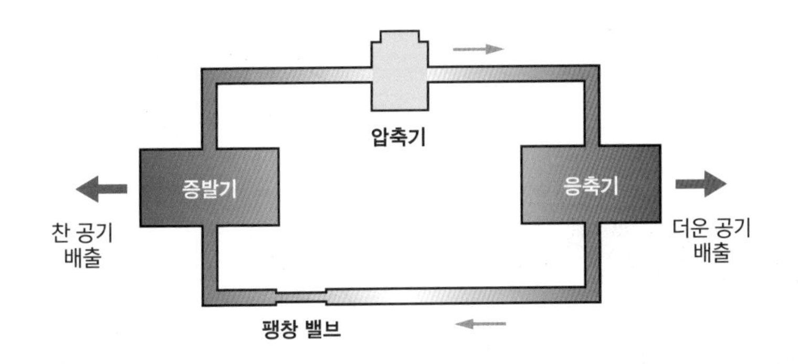

에어컨의 냉각 시스템 각 부분은 다음과 같은 역할을 합니다. 기체 상태였던 냉매는 압축기의 압축 운동을 통해 고온·고압 상태가 됩니다. 고온·고압 상태의 기체는 응축기(실외기에 있음)에서 흡입된 공기와 만나 식으면서 액체로 변하죠. 이때 열을 방출하므로 실외기에서는 더운 공기가 나옵니다. 그 뒤 액체 상태의 냉각제는 팽창 밸브를 거치며 온도와 압력이 낮아집니다. 그리고 온도와 압력이 낮아진 냉매는 증발기에 도착해 주변의 더운 공기에서 열을 흡수하면서 기체 상태로 증발해요(기화 작용). 결국 기화로 열

을 빼앗겨 온도가 내려간 에어컨 내부에서 팬이 돌아가며 차가운 바람을 밖으로 내보내는 거죠.

알라딘 — 에어컨이 습도도 낮춘다고 하셨죠?

최강풍 — 사실 불쾌지수를 좌우하는 것으로 온도 못지않게 중요한 요인이 습도입니다. 에어컨을 틀면 몸에 땀이 마르면서 금세 상쾌해지는데, 이는 실내 습도를 낮추기 때문이에요. 온도가 내려가도 습도가 그대로면 눅눅한 기운이 사라지지 않습니다.

실제로 에어컨이 발명된 계기도 1900년대 초, 미국의 공학자 윌리스 캐리어가 인쇄소로부터 높은 습도와 열로 잉크가 번지고 종이가 변형되는 문제를 해결해 달라는 요청을 받은 데서 비롯됐습니다. 그래서 캐리어는 거대한 코일에 찬물을 흘려보내는 방식으로 주위의 공기를 식혀 공기 속 수증기를 응결시키는 습기 제거 장치를 만들었어요. 바로 이게 에어컨의 시초예요. 즉, 에어컨은 처음엔 냉방보다는 습기 제거 목적으로 고안된 장치였습니다.

에어컨에서 생기는 물의 정체

알라딘 — 그렇다면 에어컨은 어떻게 습도를 조절하죠? 이 부분은 강이슬 박사님께서 설명해 주시겠어요?

강이슬 — 습도의 개념을 이해하기 전에 알아야 할 게 있습니다. 온도에 따라 공기에 포함될 수 있는 수증기의 양이 달라진다는 사실입니다. 이를 그래프로 나타낸 게 포화수증기량(포화 상태의 공기 1킬로그램 속에 포함된 수증기의 양) 곡선이에요. 이에 따르면 포화수증기량은 온도가 높을수록 늘어나죠. 한편 공기가 최대한의 수증기를 포함하여 더 이상 수증기를 받아들일 수 없는 상태를 '포화 상태'라고 하고, 포화 상태의 수증기량보다 수증기량이 적은 상태를 '불포화 상태', 포화 상태의 수증기량보다 수증기량이 많은 상태를 '과포화 상태'라고 합니다.

습도는 공기가 건조하거나 습한 정도를 말하는데 여기서 습도는 상대습도($\frac{\text{현재 공기 중의 수증기량(g/kg)}}{\text{현재 기온에서의 포화수증기량(g/kg)}} \times 100$)의 개념입니다. 현재 기온의 포화수증기량에 대한 현재 공기 중의 수증기량의 비율을 상대습도라고 합니다. 공기 중에 포함된 수증기의 양이 일정하더라도 온도에 따라 포화수증기량이 달라지므로 상대습도는 온도의 영향을 받을 수밖에 없어요.

가령 다음 그래프에서 공기 A(1제곱미터 내 9.4그램의 수증기 포함)는 20도에서 상대습도가 약 54퍼센트($\frac{9.4}{17.3}\times100 \fallingdotseq 54.3$)지만, 30도에서는 상대습도가 약 31퍼센트($\frac{9.4}{30.4}\times100 \fallingdotseq 30.9$)로 건조해집니다. 그래서 겨울철 난방을 하면 상대적으로 건조해져 가습기를 켜죠.

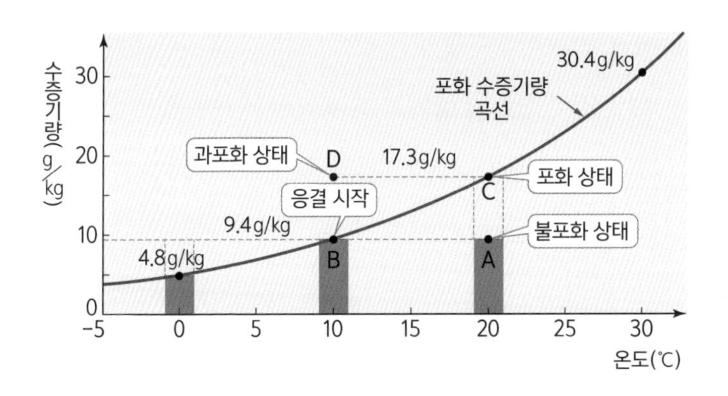

알라딘 — 공기 중에 포함된 수증기의 양이 일정해도 온도에 따라 습도가 변한다니 신기하군요. 이론대로라면 실내 온도가 낮아질수록 습도가 올라가는데 에어컨을 켜면 어떻게 습도가 내려가는지 원리를 자세히 설명해 주세요.

강이슬 — 에어컨을 켜 공기 A의 온도를 20도에서 10도로 낮추면 상대습도가 100퍼센트($\frac{9.4}{9.4}\times100 \fallingdotseq 100$)까지 올라갑니다. 고온 다습한 더위에서 공기를 식히면 내부에 수증기를 수용하는 능력이 줄면서 습도가 올라가는데, 이때 습도를 낮추지 않으면 공기가 여전히 눅눅해서 땀이 증발하지 못해요. 불쾌지수가 내려가지 않는 거죠.

그래서 에어컨에서는 제습 기능이 매우 중요합니다. 에어컨의 제습 원리는 차가운 캔 음료 표면에 물방울이 맺히는 현상과 같습니다. 여기서 중요한 개념이 바로 이슬점이에요. 온도가 내려가 수증기가 포화 상태가 되면서 물방울로 맺히기 시작할 때의 온도가 바로 이슬점이죠.

에어컨의 증발기에는 냉각핀(냉각 효과를 높이기 위해 표면적을 최대한 넓혀 만든 주름)이 있는데 여기의 표면 온도는 이슬점보다 낮습니다. 에어컨을 켜고 공기가 차가워져 습도가 올라가면 냉각핀이 수증기의 응결을 촉진하는 역할을 해요. 이렇게 맺힌 습기를 모아 호스 밖으로 내보내 실내의 습도를 유지하는 거죠.

question

비 오는 날 자동차를 타면 유리창에 김이 서려 뿌옇게 변하곤 합니다. 그럴 때마다 아버지가 에어컨을 켜서 김을 없애시던데, 어떻게 이게 가능한지 설명해 주세요.

에어컨이 김 서림을 없앤다?

알라딘 — 유리창에 김이 서리는 현상은 저도 자주 경험합니다.

에어컨이 김 서림을 어떻게 없애는지 원리를 설명해 주세요.

최강풍 — 김 서림은 실내와 실외의 온도 차로 인해 유리창 표면의 온도가 이슬점보다 낮아져 생깁니다. 특히 비 오는 날 자동차 안은 사람의 호흡으로 수증기가 많이 생기면서 금세 습도가 높아져요. 이때 창문 표면 온도가 낮으면 마치 차가운 콜라 캔에 물방울이 맺히듯 수증기가 유리창에 맺히면서 김 서림이 생기죠. 김 서림을 없애려면 실내 습도를 낮추거나 온도를 높여 창문의 물기가 공기 중으로 사라지게 해야 합니다.

이때 효과적인 게 바로 에어컨과 히터입니다. 만약 여름이면 에어컨의 제습 기능을 쓰는 게 좋습니다. 제습 기능으로 실내 습도가 낮아지면 창문에 맺힌 물방울이 증발해요. 겨울이면 히터로 실내 온도를 높이는 게 좋습니다. 히터를 틀면 따뜻한 공기가 유리창에 전달되면서 물방울이 증발해 김이 사라지기 때문이에요.

하지만 제일 효과가 좋은 것은 에어컨과 히터를 동시에 켜는 겁니다. 자동차의 '김 서림 방지' 기능이 바로 이 원리예요. 이 기능을 쓰면 자동차 유리의 김이 빠르게 사라집니다. 이와 더불어 자동차 내 실내 공기를 바깥과 순환시켜서 수증기를 밖으로 빼내거나 유리창 열선을 활용해 창문 온도가 이슬점에 도달하지 않도록 하는 방법도 좋아요.

조금 더 과학적으로 질문하기

물의 순환: 구름을 만드는 물은 어디서 올까?

매년 태양 복사에 의해 증발하는 물의 양은 38만 세제곱킬로미터로, 이 가운데 84퍼센트인 32만 세제곱킬로미터가 바다에서 증발하고, 육지에서 증발하는 물은 16퍼센트인 6만 세제곱킬로미터 정도다. 육지나 바다에서 증발한 물은 대기 중에서 수증기 상태로 머물다가 눈, 비 등이 되어 육지로 이동한다. 육지의 물은 강물이나 지하수 형태로 바다로 흘러간 뒤 다시 증발하는 과정을 반복한다. 이처럼 물은 하나의 형태로 계속 유지되는 것이 아니라 끊임없이 다른 형태로 바뀌면서 순환한다. 다만 지역이나 위도에 따라 강수량과 증발량의 차이는 있다. 빗물은 생명 활동에 사용되기도 하고, 지하수가 되거나 얼음 속에 갇히기도 하지만 결국 오랜 시간이 지나면 다시 비가 되어 내리는 순환 과정을 거친다.

습도와 상태 변화: 물은 언제 기화하고 액화할까?

물을 한 컵 떠 놓고 오래 놓아두면, 컵 속의 물은 점점 줄어든다. 이 현상을 눈으로 보면 기화(증발)만 하는 것처럼 보일 뿐 액화를 관찰하긴 어렵다. 하지만 기화하는 물 분자의 수가 더 많은 것이지, 액화하는 물 분자가 없는 것은 아니다. 즉, 물 표면에 있는 물 분자는 대부분 기화나 액화를 하고 있다. 기화하는 물 분자의 수와 액화하는 물 분자의 수는 습도를 보면 알 수 있다. 불포화 상태일 때는 기화하는 물 분자 수가 더 많고, 포화 상태일 때는 기화와 액화하는 물 분자의 수가 같아 물이 더 증발하지 않는 것처럼 보인다. 한편 과포화 상태일 때는 액화하는 물 분자 수가 더 많다.

3부

동물

직접 물어볼 수 없어 더 궁금한 이야기

ON AIR

생물한테 물은 왜 필요할까?

question

장래 희망이 탐험가인 학생이에요. 영화를 보면 바다에서 조난을 당하거나 사막에서 길을 잃어버린 장면을 볼 수 있어요. 구조대가 올 때까지 생존을 결정하는 데 가장 중요한 것은 물과 식량이라고 알고 있습니다. 특히 물은 식량보다 더 중요하다고 들었어요. 사람이 물을 마셔야 살 수 있다는 건 알고 있지만, 왜 그런지는 잘 모르겠습니다. 생물한테 물이 필요한 과학적 이유를 알려 주세요.

세포를 보면 물이 필요한 이유가 보인다

알라딘 — 흥미로운 이번 질문에 답해 주실 응급의학과 다살려 교수님과 화학자 이분자 박사님 나오셨습니다. 먼저 다살려 교수님! 생명체가 살아가는 데 물이 왜 꼭 필요할까요?

다살려 — 사람 및 동물의 체내에 함유된 액체 성분을 모두 일컬어 '체액'이라고 해요. 성별이나 나이 등에 따라 차이는 있지만 대체로 사람은 체중의 60퍼센트 정도가 체액으로 이루어져 있죠. 체액은 크게 '세포내액(인체의 40퍼센트)'과 혈액 및 조직액 등 '세포외액(인체의 20퍼센트)'으로 나눌 수 있는데, 대부분 물로 구성되어 있습니다. 그러니까 물은 우리 몸에서 가장 큰 비중을 차지하는 물질인 셈이죠.

갖가지 화학반응이 일어나 생명 활동에 필수적인 물질들이 만들어지는 체액은 영양소, 노폐물, 항체, 호르몬 등 각종 물질의 이동 수단이 돼요. 세포 전체에 영양분과 산소가 원활히 공급되는 것도 물이 우리 몸을 순환하기 때문입니다.

아시다시피 모든 생물은 세포로 구성돼 있습니다. 생명체의 기본 단위인 세포는 핵과 세포질로 이뤄져 있고, 이들을 세포막이 둘러싸고 있죠. 물은 세포질의 주성분인 동시에 세포막을 안팎으로 드나들면서 물질의 출입을 조절해 세포가 제 기능을 하도록 합니다.

알라딘 — 그런 역할이라면 물 이외의 다른 액체라도 가능하지 않을까요?

이분자 — 물과 같은 특성이라면 가능하겠죠.

알라딘 — 물과 같은 특성이란 무엇인가요?

이분자 — 물 분자(H_2O)는 수소 원자 2개와 산소 원자 1개로 이루어진 '극성' 분자입니다. 여기서 극성이란 음극과 양극을 띠는 성질을 말해요. 즉, 물 분자에서 산소 원자는 수소 원자에 비해 공유하는 전자쌍(-)을 끌어당기는 힘이 강하므로 전자가 상대적으로 산소 쪽에 치우치게 되어, 산소 원자는 음전하를, 수소 원자는 양전하를 띠고 있어요. 물처럼 극성을 띤 용매로는 에탄올, 아세트산 등 몇 가지가 더 있습니다.

극성 용매는 무극성 용매에 비해 용질과의 상호 작용이 우수한 편이어서 녹일 수 있는 물질의 종류가 무척 다양합니다. 물은 극성 용매인 데다 자연에 가장 풍부하게 존재해 최고의 용매로 꼽히죠. 체내에서는 물에 각종 물질이 녹아 있어 생명 활동에 필수적인 영양소와 호르몬 등 고분자 화합물들이 다양하게 만들어질 수 있습니다.

만약 물이 극성 용매가 아니었다면 바닷물도 현재와 같은 모습을 이루고 있지 못할 겁니다. 아마도 온갖 종류의 알갱이들이 뒤범벅돼 있을 거예요. 원시 지구의 바다에서 생명체가 탄생할 수 있었던 건 바닷물에 다양한 물질이 녹아 있었기 때문입니다. 이들이 오랜 세월을 거쳐 화학 반응을 일으키고, 복잡한 분자 구조의 화합물을 형성하면서 새로운 생명체들이 탄생할 수 있었죠.

소중한 물을 아끼는 생물의 전략

알라딘 — 몸에서 수분이 빠져나가면 사람은 목마름을 느낍니다. 그런데 몸에서 물이 빠져나가면 체액이 진해져 오히려 영양소를 공급하는 데 좋은 상태가 되는 것 아닌가요?

다살려 — 몸에서 수분이 빠져나가면 체액의 농도가 진해져 같은 양의 체액에 더 많은 영양소가 녹은 상태가 되는 것은 맞습니다. 문제는 농도가 진해지면 피가 걸쭉해져 잘 흘러가지 못해 혈압이 떨어집니다. 혈압이 낮아지면 그만큼 피의 순환이 잘 이뤄지지 않으니 현기증이 나고 판단력이 떨어지며 헛것이 보이기도 합니다. 결국 수분을 잃으면 혈액 순환이 점점 어려워지면서 몸의 고통은 심해지고 정신적으로도 문제가 생길 수 있습니다. 그러니 체액 농도가 진한 게 꼭 좋은 건 아니고 일정히 유지하는 게 중요하죠.

알라딘 — 체액을 통해 물질을 교환해야 하므로 사람뿐 아니라 다른 생물들에게도 물이 소중하겠네요?

다살려 — 네. 특히 물이 귀한 사막에 사는 동물의 경우, 몸속의 물을 얼마나 잘 관리하는지가 생존을 결정합니다. 일단 물을 아껴야 하기 때문에 소변이 아주 진합니다. 소변을 안 누는 게 제일 좋겠지만 단백질을 소화하는 과정에서 생긴 요소는 소변을 통해 몸 밖으로 내보내야 합니다. 요소에는 독성이 있어 몸속에 쌓이면 위험하니까요. 그래서 사막에 사는 동물들의 소변은 사람의 것보다 2~3배나 진합니다.

물론 물이 풍부해서 걱정할 필요가 없을 것 같은 수중 생물에게도 물은 소중합니다. 수중 생물도 체액의 농도를 일정하게 유지해야 안정적으로 살아갈 수 있거든요. 예외의 경우도 있지만, 대체로 민물고기는 바닷물에서 살 수 없고, 바닷물고기는 민물에서 살 수 없는데, 그 이유는 물이 바뀌면 체액의 농도를 일정하게 유지할 수 없기 때문입니다. 이것은 삼투현상으로 설명할 수 있어요. 삼투현상이란 세포막과 같은 반투과성막을 경계로 물이 농도가 낮은 용액에서 높은 용액으로 이동하는 현상입니다. 염분이 적은 민물에서는 삼투현상에 의해 물이 물고기의 체내로 많이 유입되므로 민물고기는 묽은 오줌을 많이 배설합니다. 이로써 체액이 묽어지지 않도록 농도를 조절하는 거죠. 이와 반대로 염분이 많은 바닷물에서는 삼투현상에 의해 물고기 체내의 수분이 바다로 빠져나갈 수 있어, 바닷물고기는 진한 오줌을 소량만 배설해요. 이 같은 배설 방식의 차이는 생물이 각자의 환경에 맞춰 항상성을 유지하기 위해 생긴 것으로, 곧 이들의 체액 농도는 환경에 맞춰 유지되도록 설계되어 있어요.

알라딘 — 그렇다면 사람이 바닷물을 마실 수 없는 것도 체액의 농도 때문인가요?

이분자 — 해상 재난 영화에서 등장인물들이 목마르다고 바닷물을 마시는 장면이 나오죠? 물이 사람 몸에 흡수될 때도 삼투현상이 일어납니다. 농도가 낮은 용액에서 높은 용액으로 물이 이동한다고 했죠? 하지만 바닷물의 농도는 사람 체액의 농도보다 진하기 때문에 신체에 흡수될 수 없는 겁니다. 그래서 목마르다고 바닷물을 마시면 몸에서 물이 빠져나가 오히려 목마름을 더 느낍니다.

반대로 물을 한꺼번에 많이 마시면 어떻게 될까요? 그럼 체액의 농도가 떨어지고 세포가 물을 많이 흡수합니다. 너무 심하면 세포가 터질 수도 있어요. 한마디로 물은 부족해도 안 되지만 넘쳐서도 안 됩니다.

question

운동을 좋아하는 학생입니다. 운동을 하면 탈수증세로 어지러울 때가 있는데, 이때는 어떻게 하는 게 좋은가요? 이온음료와 물 중에서 어느 것을 마셔야 하나요?

운동 후 목이 마를 때 무엇을 마셔야 할까?

이분자 — 운동을 많이 하거나 기온이 높아지면 몸에서 엄청난 열이 발생하는데, 이럴 때 우리 몸은 땀을 배출함으로써 체온을 일정하게 유지합니다. 체온 유지는 생명체의 '항상성 유지'를 보여 주는 대표적인 사례죠. 항상성 유지란 우리 인체가 신체 내외의 환경이 변하더라도 체온, 혈당량, 삼투압 등 체내 상태를 일정하게 유지하려는 성질을 말해요.

그런데 땀을 흘리면 체온 상승은 막을 수 있지만, 몸에서 수분과 함께 염분도 빠져나가게 됩니다. 땀을 맛보면 알겠지만, 땀 속에는 염류인 나트륨이온과 염화이온이 들어 있습니다. 이온 음료는 이처럼 땀을 흘려 부족해진 성분들을 보충해 주는 음료입니다. 이온 음료에는 물과 함께 나트륨 등의 전해질이 포함되어 있어, 물보다 체액 농도 조절에 훨씬 효과적이라고 알려져 있어요.

하지만 전문 운동선수 정도로 운동한 게 아니라면 그냥 물만 마셔도 충분합니다. 물과 체액은 농도의 차이가 큰 만큼, 물이 삼투현상에 의해 체내로 빠르게 확산되기 때문입니다. 덧붙이자면 굳이 유명하고 비싼 물을 찾아 마실 필요도 없어요. 미네랄이 적당히 있는 깨끗한 물만 꾸준히 마셔도 건강을 유지하는 데는 문제가 없습니다.

조금 더 과학적으로 질문하기

물과 생물: 낙타는 물 없이 어떻게 사막에서 버틸까?

낙타가 사막에서 살 수 있는 이유는 수분을 효율적으로 쓰는 몸 구조 덕분이다. 낙타는 한 번에 100리터가 넘는 엄청난 양의 물을 마신다. 이렇게 일단 몸에 들어온 수분을 최대한 저장하고, 땀이나 소변 등 몸 밖으로 나가는 수분은 최대한 줄인다. 사람은 체온이 올라가면 이를 낮추기 위해 땀을 흘리지만 낙타는 땀을 거의 흘리지 않는다. 두꺼운 털이 태양열을 막아 주는 절연체 역할을 하고, 주변 상황에 따라 체온을 34~40도 사이에서 크게 변화시킬 수 있기 때문이다. 몸의 노폐물을 소변으로 내보낼 때도 농도를 최대한 진하게 만든다. 물을 많이 마시고 아끼는 전략을 쓰는 것이다.

낙타는 수분 손실을 최소화하는 노력뿐 아니라, 탈수에 대한 대비도 완벽하다. 사람은 체내 수분의 20퍼센트 이상을 잃으면 사망에 이를 수 있지만, 낙타는 40퍼센트 정도를 잃어도 견딜 수 있다. 탈수로 혈액이 진해져도 타원형의 적혈구가 농축된 헤모글로빈을 가지고 혈관 구석구석을 누비면서 세포에 산소를 공급하고, 적혈구가 수분을 잘 빨아들여서 수분 유지가 가능하기 때문이다.

삼투현상: 사람 소변의 양은 어떻게 조절될까?

사람의 소변은 콩팥에서 만들어진다. 2개의 콩팥은 각각 약 100만 개의 네프론nephron으로 구성되는데, 혈액이 이 네프론을 통과할 때 걸러진 노폐물이 소변이다. 이때 소변의 양은 체액의 수분량으로 결정된다. 한편 네프론은 사구체, 보먼주머니, 세뇨관으로 이루어져 있는데, 이 가운데 세뇨관이 체내 수분의 양을 일정하게 조절하는 역할을 한다. 몸의 수분이 부족하면, 세뇨관의 삼투현상에 의해 수분이 다시 모세혈관으로 흡수되는 것이다.

ON AIR

보름달이 뜨면 늑대인간이 나타날까?

question

판타지 영화와 소설을 좋아하는 학생이에요.
늑대인간을 소재로 한 영화나 소설을 보면 보름달이
뜰 때마다 사람이 늑대로 변합니다. 그래서인지
보름달을 보면 으스스하기도 하고, 실제로 다른
공포 영화에서도 보름달이 자주 등장하는 것 같습니다.
그래서 문득 보름달과 늑대인간 사이에 어떤 관련이
있는지 궁금해졌어요.

늑대인간은 실제로 있었다?

알라딘 — 이번 질문에 답해 주실 동물학자 강형옥 박사님과 천문학자 김태양 박사님 와 주셨습니다. 먼저 강형옥 박사님! 늑대인간이 실제로 있나요?

강형옥 — 늑대인간 이야기는 유럽의 유명한 전설이죠. 밤에 보

름달이 뜨면 평범한 사람이 이성을 잃고 포악해져 늑대로 변한다는 내용입니다. 늑대로 변해 가축이나 사람을 무자비하게 습격하는 늑대인간의 이미지는 오랜 세월 공포의 대상이었죠. 그래서 늑대인간이 과거에 실존했는지 묻는 사람이 많습니다.

물론 늑대인간은 그야말로 전설일 뿐입니다. 실제로 보름달이 뜰 때마다 늑대로 변하는 사람이 있을 가능성은 거의 없어요. 다만! 이 전설이 사실이라고 착각하게 만든, 늑대인간같이 보이는 사람들은 실제로 있었습니다.

알라딘 — 늑대인간같이 보이는 사람! 어떤 경우인가요?

강형욱 — 온몸이 털로 뒤덮인 다모증 환자나 자신이 늑대로 변한다는 망상에 사로잡혀 네발로 기어 다니며 날고기를 먹는 낭광증 환자가 대표적입니다. 이들의 모습이나 습성이 전설 속 늑대인간과 비슷한 면이 있어요. 그래서 이들을 통해 전설 속 늑대인간이 탄생했거나, 늑대인간이 실제로 있다고 믿는 사람들이 생겼을 가능성이 높습니다.

그런가 하면 광견병 및 포르피린증 환자를 늑대인간이라 오해한 경우도 있었어요. 광견병이야 우리한테 많이 알려졌지만 포르피린증은 생소하죠? 포르피린증은 혈액 색소 성분인 포르피린이 축적되어 생기는 선천성 대사 이상증이에요. 햇빛을 받으면 피부색이 변하고 송곳니가 길어져 흡혈귀증이라고도 합니다.

알라딘 — 그러고 보니 선천성 다모증을 늑대인간 증후군이라

하는 걸 어디서 본 것 같아요.

강형욱 — 네, 다모증은 솜털이 나야 할 곳에 거센털이 많이 나는 증상으로, 선천성 유전 질환에 의한 경우와 후천성 내분비계 질환에 의한 경우로 나눌 수 있습니다. 선천성 유전 질환은 부모님께 물려받았거나 돌연변이로 인해 생기는 경우를 말해요. 이러한 다모증은 증상의 범위에 따라 온몸에 털이 나는 전신성과 일부 부위에만 털이 나는 국한성으로 분류할 수 있죠.

이 가운데 늑대인간의 유래가 된 것은 '선천적 전신성 다모증'으로, 이는 전 세계 환자가 100명 이내일 정도로 매우 희귀한 병입니다. 이 병에 걸린 환자들의 외모가 늑대인간과 유사해 이를 늑대인간 증후군이라 한 거죠. 불과 19~20세기 초까지만 해도 이들은 서커스 무대에 섰으며 동물과 사람의 기질을 모두 갖췄다고 알려지기도 했습니다.

언젠가 미국 캘리포니아주 남부에 거주하는 선천적 전신성 다모증 환자인 래리 고메즈의 사연이 언론에 소개된 적이 있어요. 고메즈의 집안은 5대째 이 질환을 앓고 있으며, 지금도 가족 중 3명이 늑대인간 증후군으로 인해 고통받는 것으로 전해졌어요. 온몸의 98퍼센트가 검은 털로 뒤덮인 고메즈의 모습은 마치 영화 속 울버린의 모습을 연상시켰습니다.

알라딘 — 과거에는 다모증이 유전 질환이고 낭광증이 정신이상이라는 걸 몰랐을 테니 그에 대한 공포심이 컸을 듯해요.

강형욱 — 네. 과학이 많이 발전하지 않았던 시절이기에 이런 병들이 전설과 엉켜서 현실 이야기로 둔갑한 게 아닐까 싶습니다. 참고로 사람이 동물로 변신하는 내용의 전설은 세계 여러 문화권에 다양하게 존재합니다. 우리나라에도 늑대인간과 어깨를 나란히 할 캐릭터가 있죠. 바로 구미호인데 영화와 드라마에서 많이 보셨을 겁니다.

달과 미치광이의 관계

알라딘 — 그렇다면 늑대인간과 보름달 사이에는 무슨 관계가 있는 건가요? 보름달도 사람들에게 공포심을 유발할 만한 특성이 있나요?

김태양 — 영어 단어 중에 'lunatic'이라고 있어요. 미치광이라는 뜻인데, 달 또는 달의 여신을 뜻하는 단어 'Luna'에서 유래했죠. lunatic이라는 단어가 생길 때만 해도 서양에서 보름달은 불길한 징조를 의미했고, 달빛이 사람을 이상하게 만든다는 속설이 있었습니다. 그래서 아직까지도 서양에는 보름달이 뜨면 좋지 않은 일이 생긴다는 믿음이 일부 남아 있죠. 하지만 이는 단지 '13일의 금요일'과 같은 미신에 불과합니다. 이제 우리에게 13일의 금요일은 '불금' 중 하나일 뿐이죠.

알라딘 — 그렇다면 보름달과 광기는 실제로 관련이 없다는 말씀이신가요?

김태양 — 사실 이 둘을 과학적으로 분석하려는 시도가 있긴 했습니다. 달이 지구 주위를 공전하면서 지구에 여러 영향을 주니, 그것이 사람에게도 영향을 미치지 않을까 하는 의문에서 출발한 것이죠. 실제로 바다의 밀물과 썰물만 하더라도 태양과 달의 운동으로 생기는 자연현상인데, 달의 인력(끌어당기는 힘)은 지구 바닷물 높이에 영향을 줍니다. 뉴턴의 만유인력 법칙(보편중력 법칙)에 의하면 질량을 가진 두 물체 사이의 인력은 두 물체의 질량의 제곱에 비례하고 거리의 제곱에는 반비례해요.

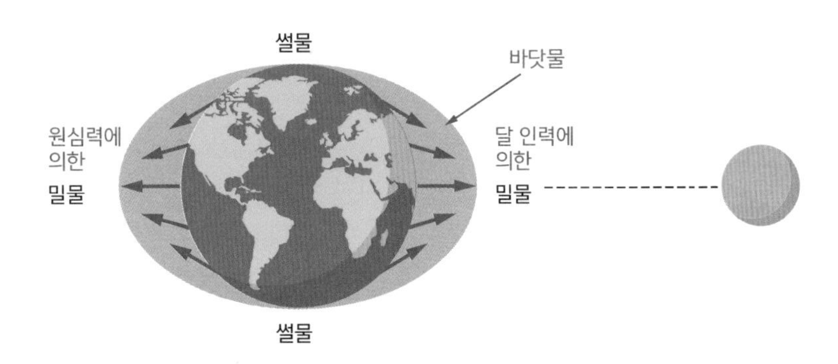

이 내용을 지구와 달에 대입시키면 지구의 각 부분에 작용하는 달의 인력 또한 달라져, 달과 가까울수록 세지고 멀수록 약해집니다. 이에 따라 지구 중심을 기준으로 달과 가까운 쪽은 달에 끌려가는 힘을 받아요. 그리고 달과 먼 쪽은 상대적으로 달의 힘을 덜 받으면서 지구 자전에 의한 원심력의 영향을 더 많이 받아, 반대 방향으로 밀려가는 힘을 받는 것처럼 보이죠. 이 때문에 액체인 바닷물은 지구 양편으로 볼록하게 솟아오르게 됩니다. 즉, 달과 가까운 쪽과 반대쪽에는 각각 달의 인력과 지구의 원심력이 작용해 밀물이 생기고, 달과 직각 방향에는 썰물이 생깁니다.

만유인력 법칙으로 밀물과 썰물을 일으키는 기조력(해수면 높이의 차이를 일으키는 힘)이 규명되는 한편, 기조력에는 태양보다 달이 더 큰 영향을 미친다는 사실이 확인됐습니다. 태양의 질량은 달의 2,700만 배에 달하지만, 지구와의 거리가 훨씬 멀어요. 기조력은 천체와 지구 간 거리의 세제곱에 반비례하고, 천체의 무게에 비례합니다. 이 때문에 태양의 기조력은 달의 절반 수준에 지나지 않죠.

달이 지구에 일으키는 힘의 실체가 과학적으로 규명된 뒤에는 달에 대한 막연한 공포도 점점 사라졌어요. 이제 보름달이 뜬다고 해서 인간이 늑대로 변하는 미스터리한 현상이 일어난다고 생각하는 사람은 거의 없어요.

알라딘 — 그래도 혹시나 달의 인력이 사람에게 영향을 줄 수 있지 않을까요? 어쨌든 지구에 힘을 가하는 게 사실이니까요.

김태양 — 보름달이 광기를 일으키거나 사람이 늑대로 돌변하도록 만든다고 주장한 사람들은 달의 인력이 사람의 뇌에도 영향을 줄 거라 믿었습니다. 그런데 달의 인력은 지구의 넓은 바다에 영향을 줄 수는 있지만 사람의 뇌에까지 미칠 정도는 아니에요. 사람의 뇌는 지구의 바다에 비하면 정말 작은! 점도 안 되는 크기니까요. 과학 현상을 지나치게 확대 적용해도 오류에 사로잡힌다는 점, 꼭 기억하세요.

question

개의 조상이 늑대라는 말이 있던데 사실인가요?
그렇다면 늑대도 길들여 반려동물로 키울 수 있는지 궁금합니다.

인류가 길들인 첫 동물, 늑대가 조상이었다?

강형욱 — 개의 조상은 늑대입니다. 다만 그 늑대는 현재의 개와 늑대의 공통 조상인 또 다른 늑대입니다. 야생의 늑대는 약 3만 4,000년 전, 동굴에 사는 사람 주변을 기웃거리다가 따스한 온기에 이끌려 사람과 함께 살아가기 시작했을 거예요. 이들은 가축으로 길러지며 사냥에 도움을 줬죠. 또한 사람과 같이 음식을 먹으면서 탄수화물 소화 능력이 좋아지고 온순해지는 등 환경에 적응하는 방향으로 진화해 왔습니다.

진화론에서는 개의 진화를 자연선택으로도 설명해요. 환경에 적응한 개체는 생존하고 그러지 못한 개체는 도태됐다는 거죠. 이 과정에서 유전자 변이가 일어나 늑대와 개가 분화된 것으로 보입니다. 유전자 변이는 같은 종 사이에서 서로 다른 특성이 나타나는 것을 말해요. 실제로 늑대와 개는 외모가 무척 닮았으며 유전자가 무려 99.98퍼센트나 일치합니다. 이는 사람 사이에서 나타나는 개체 간 유전적 다양성(대략 0.1퍼센트)보다 더 작은 차이입니다.

조금 더 과학적으로 질문하기

유전자와 질병: 질병은 어떻게 유전될까?

생물의 모든 활동을 조절하는 세포 내 기관인 핵에는 유전 물질인 DNA가 들어 있는데, DNA에는 유전정보를 담는 유전자가 있어 부모에게서 자식으로 유전정보가 전달된다. DNA 속에는 그 생물의 생김새나 특성 등이 모두 담겨 있다. 핵에서 DNA는 단백질을 감싼 후 꼬여서 염색사를 형성한다. 세포가 분열하지 않는 간기에는 염색사로 존재하지만, 세포가 분열기에 접어들면 염색사가 접히고 응축되어 막대 모양의 염색체가 된다.

그런데 유전자에는 질병과 관련된 유전정보도 있어서 부모의 질병이 자식에게 전달되기도 한다. 건강검진을 할 때 질병의 가족력을 조사하는 것도 유전에 따른 질병이 생길 가능성을 알기 위한 것이다.

유전과 질병: 탈모도 유전일까?

탈모도 유전 현상이다. 하지만 탈모 유전자를 물려받았다고 해서 꼭 탈모가 되는 것은 아니다. 탈모는 남성호르몬의 영향을 받기 때문이다. 실제로 남성호르몬의 분비가 덜 활발한 사춘기 이전 청소년이나 여자에게서는 탈모가 잘 나타나지 않는다. 탈모의 유전은 성염색체가 아닌 상염색체에 의한 유전으로 알려져 있다. 성염색체란 성을 결정하는 X와 Y 염색체를 말하고, 상염색체란 성염색체 이외의 염색체를 말한다. 따라서 여자도 탈모가 올 수 있는데, 단지 머리카락이 빠지는 형태가 남자들과 달라 잘 드러나 보이지 않을 뿐이다.

ON AIR

바이러스가 좀비를 만들 수 있을까?

question

〈부산행〉이나 〈창궐〉 같은 영화 외에 좀비를 소재로 하는 게임도 인기가 많은 것 같아요. 과거에는 좀비를 단순히 걸어 다니는 시체쯤으로 여겼는데, 영화 속에 이른바 '좀비 바이러스'가 등장하면서 좀비가 더 그럴듯하게 여겨집니다. 미친개한테 물리면 광견병에 걸리듯 좀비한테 물리면 좀비가 된다는 설정이 터무니없는 이야기처럼 느껴지지 않을 정도로요. 혹시 특정 바이러스에 돌연변이가 생기면 사람을 좀비로 만들 수 있지 않을까요? 꼭 알려 주세요.

좀비를 만드는 방법이 있다?

알라딘 — 요즘 영화나 게임, 드라마에 이르기까지 좀비물이 인기가 많습니다. 무시무시해도 흥미로운 이번 질문에 답해 주실 생물학자 정세포 박사님, 그리고 특별히 질병관리청의 오백신 님 나오셨습니다. 정세포 박사님! 좀비를 걸어 다니는 시체라고 말하던데 맞나요?

정세포 — 분명한 사실은 시체는 절대로 걸어 다닐 수 없다는 것입니다. 그런데 18세기 말 루이지 갈바니라는 이탈리아의 의사가 죽은 개구리 다리를 해부하다가 개구리가 움찔하는 것을 발견했어요. 이 때문에 죽은 동물이 움직일 수 있다는 이야기들이 탄생했죠. 하지만 갈바니가 관찰한 것은 개구리 근육에 전기화학적인 자극이 가해져 수축하면서 움직인 것일 뿐, 시체가 걸어 다니는 것과는 전혀 다른 이야기입니다.

사람이 걷기 위해서는 반드시 뇌의 도움이 있어야 합니다. 어린아이가 두 발로 걷기 위해서는 거의 1년에 가까운 시간이 필요합니다. 그만큼 많은 연습이 필요한 동작이라는 겁니다. 즉, 걸어 다니고 다른 사람을 잡아먹으려고 달려드는 것 자체가 살아 있어야 가능한 행동입니다.

알라딘 — 그렇다면 좀비는 어떻게 탄생한 걸까요?

오백신 — 좀비의 기원은 카리브해에 있는 나라 아이티의 부두교 주술사에게서 찾을 수 있습니다. 주술 행위로 살아 있는 사람을 죽었다고 여기도록 만들어 마음대로 조종한 게 기원이죠. 그 좀비가 왜 영화나 드라마, 게임 속에서 공포의 캐릭터가 됐을까요? 바이러스에 의한 전염병 공포가 좀비에 덧씌워졌기 때문입니다.

1918년 발생한 스페인독감은 제1차 세계대전 사망자보다 세 배나 많은 사람을 죽게 했습니다. 그 외에도 에이즈나 에볼라 같은 질병은 바이러스가 인류를 멸종시킬 수 있다는 공포를 만들기 충분했죠. 이런 공포가 좀비 바이러스라는 개념을 만든 것으로 보입니다.

바이러스와 세균의 차이

알라딘 — 한마디로 바이러스에 대한 공포가 좀비 바이러스를 탄생시켰다는 말씀이군요. 그런데 영화나 드라마에서 좀비한테 물리면 순식간에 좀비로 변하던데 바이러스가 그렇게 빨리 증식하나요?

정세포 — 어떤 영화에서는 좀비한테 물린 사람이 좀비가 되는 것을 보여 주기 위해 빠르게 세포분열하는 장면을 넣기도 합니다. 하지만 좀비 바이러스라는 게 실제 있다 쳐도 영화 속 장면은 오류입니다. 영화 속 장면은 바이러스가 아니라 세균이 번식하는 모습에 가깝거든요.

알라딘 — 세균과 바이러스는 다른 건가요?

정세포 — 세균은 박테리아bacteria라고도 하는데 세포로 된 단세포 원핵생물입니다. 이와 달리 바이러스virus는 동물, 식물, 세균 따위의 살아 있는 세포에 기생하고, 세포 안에서만 증식이 가능한 감염성 입자죠. 바이러스는 세균보다 훨씬 작은 10나노미터에서 수백 나노미터까지 크기로, 전자현미경이 등장하기 전까지는 직접 볼 수도 없었습니다. 예를 들어 여름철에 음식을 잘못 먹었을 때 질병을 일으키는 장출혈성대장균이나 이질균, 콜레라균 등의 병원균은 세균입니다. 한편 독감을 일으키는 인플루엔자 바이러스, 식중독을 일으키는 노로바이러스 등은 이름에서 알 수 있듯이 세균이 아니라 바이러스입니다.

살아 있는 생물인 세균은 세포분열로 증식합니다. 하나의 세포가 두 개로 나누어지고, 이후 그 두 개는 또다시 각각 분열되어 네 개가 되죠. 분열 속도가 별것 아닌 듯 느껴지지만, 만약 30분에 한 번씩 분열하는 세균이라면 하루에 100조 개 이상으로 불어납니다. 반면에 살아 있는 생물이라 보기 힘든 바이러스는 번식을 하려면 숙주가 필요합니다. 바이러스는 숙주 세포 안에서는 살아 있지만, 숙주 세포 밖에서는 독립적으로 물질대사를 하거나 증식할 수 없는 무생물로 존재해요. 그저 단백질 입자일 뿐입니다.

알라딘 — 숙주가 뭔가요? 감염된 사람이 숙주인가요?

오백신 — 바이러스는 번식을 위해 다른 생물의 세포 속으로 들어가 그 세포의 능력을 이용합니다. 이때 바이러스가 들어가는 생물을 숙주라고 합니다. 그렇다고 바이러스가 아무 생물에나 들어가진 못합니다. 마치 열쇠와 자물쇠의 관계처럼 특정 생물의 세포 속에만 들어갈 수 있어요. 이를 숙주 특이성이라고 합니다.

먼저 바이러스는 숙주의 세포 안에 자신의 유전물질인 핵산(DNA나 RNA)을 밀어 넣습니다. 숙주 세포 안으로 들어간 바이러스의 핵산은 마치 원래부터 있었던 것처럼 몰래 숙주 세포의 DNA 사이에 끼어듭니다. 이 사실을 모르는 숙주의 세포는 바이러스를 증식시킵니다. 충분히 증식한 바이러스는 세포를 뚫고 나와 또 다른 세포를 감염시킵니다. 그 숙주에 동물만 해당하는 건 아닙니다. 바이러스는 동물, 식물 그리고 세균 등 종류를 가리지 않고 공격합니다. 그래서 숙주 종류에 따라 바이러스를 구분하기도 합니다. 식물성 바이러스나 동물성 바이러스, 세균성 바이러스가 바로 그러한 구분 방법입니다.

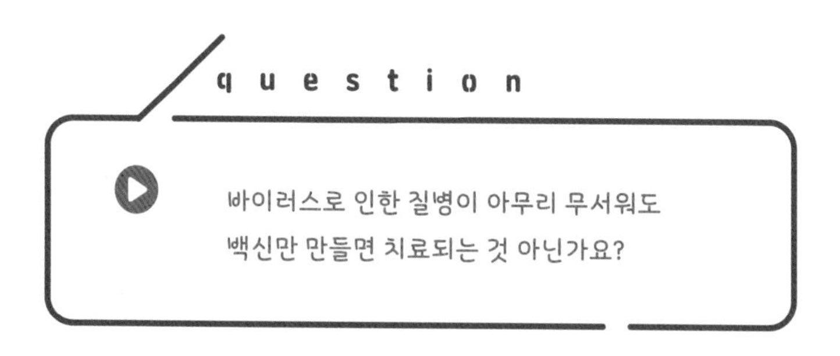

백신은 치료제가 아니다

오백신 — 백신은 치료제가 아니라 예방 물질입니다. 아마도 질문한 친구는 항생제를 백신으로 착각한 듯해요. 항생제는 특정 세균이 생장하는 것을 방해하여 억제하거나 죽이는 물질입니다. 항생제가 작용하는 양상은 다양한데, 대표적인 것이 세포벽 합성을 방해하는 방법이에요. 세포벽을 합성하지 못한 세균은 세포분열을 하지 못하므로 죽게 되죠. 세균과 달리 사람의 세포에는 세포벽이 없으니 항생제는 세균만 골라 죽입니다. 그 밖에 세포막을 파괴하거나 단백질 합성을 억제하는 방법으로 작용하는 항생제도 있어요.

한편 바이러스는 항생제의 영향을 받지 않습니다. 바이러스는 단백질과 유전물질인 핵산만 가지고 있을 뿐, 세포벽이 없기 때문입니다.

알라딘 — 그럼 바이러스를 치료할 방법이 없나요?

오백신 — 바이러스 치료에는 항바이러스제가 필요합니다. 그런데 안타깝게도 의학적 치료를 하는 항바이러스제는 거의 없습니다. 바이러스가 세포 밖에서는 생물이 아니니 공격이 어렵고, 바이러스가 세포 내에 숨어 버리면 우리 몸의 세포도 같이 공격해야 하기 때문입니다. 그래서 아예 바이러스에 감염되기 전 인체의 면역계를 강화해 스스로 바이러스를 퇴치하도록 하는 방법을 씁니다. 이것이 바로 백신입니다. 독성이 약한 세균이나 바이러스를 주입해 인체의 면역계를 훈련시키는 것이죠.

백신을 접종하면 몸에 세균이나 바이러스가 침입해도 면역반응으로 퇴치할 수 있습니다. 이 방법으로 인류는 과거 공포의 대상이었던 천연두를 물리칠 수 있었습니다. 천연두 퇴치는 인류가 바이러스와의 전쟁에서 처음이자 마지막으로 거둔 승리입니다. 그만큼 세균이나 바이러스를 멸종시키는 게 어려워 이제는 그들과 함께 공존하는 방법을 찾아야 한다고 주장하는 과학자들도 많습니다.

조금 더 과학적으로 질문하기

? 바이러스: 바이러스는 생물일까, 무생물일까?

바이러스는 흔히 생물과 무생물의 중간적 존재로 불린다. 이는 바이러스가 생물의 특징과 무생물의 특징을 모두 지니기 때문이다. 바이러스는 유전물질인 핵산을 가져서 살아 있는 세포 내 증식이 가능하다. 또한 증식할 때는 자신과 같은 바이러스나 돌연변이를 통해 새로운 바이러스를 만드는 등의 유전 현상을 일으킨다.

바이러스는 생물적인 특징은 갖췄지만 효소가 없어서 스스로 물질대사를 할 수 없고, 독립적으로 있을 때는 단순한 단백질 입자일 뿐 살아 있다 할 수도 없다. 이렇듯 생물과 무생물의 경계에 놓여 있기 때문에 바이러스를 생명체의 기원으로 보는 사람도 있다. 하지만 바이러스는 생명체의 기원이 될 수 없다. 바이러스는 생물이 먼저 있어야만 번식이 가능하기 때문이다.

? 바이로이드와 프라이온: 바이러스와의 차이는 무엇일까?

바이로이드viroid는 바이러스 비슷하게 생긴 기생체라 해서 붙은 이름이다. 아직까진 식물에 기생하는 종류만 발견됐다. 바이러스가 껍질에 해당하는 캡시드 단백질과 핵산으로 구성된 것과 달리 바이로이드에는 캡시드가 없어 바이러스보다 작고 단순한 구조다.

프라이온prion은 유전물질인 핵산 없이 단백질로 구성된 감염성 단백질이다. 프라이온은 단백질Protein과 감염Infection의 합성어로, 이로 인해 소는 광우병, 사람은 변종 크로이츠펠트-야코프병과 같은 질병을 앓는다. 변종 크로이츠펠트-야코프병은 인간 광우병이라고도 불리는데, 사람이 광우병에 걸린 소고기를 먹으면 걸린다. 광우병과 마찬가지로 뇌의 단백질 이상으로 신경세포가 죽어, 뇌에 스펀지처럼 구멍이 생겨 결국 사망하게 된다.

ON AIR

거대 괴수들은 어디로 갔을까?

question

영화 〈고질라〉나 〈퍼시픽 림〉을 보면 고질라, 카이주라는 이름의 거대 괴수가 등장합니다. 이들은 몸집이 빌딩만큼 크고 생김새도 괴이해서 영화 캐릭터로 인기가 높은데요. 실제로 이런 거대 괴수들이 지구상에서 살아가는 게 가능한지, 만약 불가능하다면 그 이유는 무엇인지 알고 싶습니다. 궁금증을 꼭 해결해 주세요.

왜 동물은 거대해질까?

알라딘 — 인류가 지구상에 출현하기 전인 중생대에는 공룡과 익룡 등 거대 동물이 아주 다양한 종을 이루며 번성했죠. 그런데 집채만 한 크기를 자랑하던 동물들은 대부분 멸종했고 오늘날 지구상에는 코끼리 정도만이 가장 큰 육상동물로 남아 있습니다.

이번 질문은 거대 동물이 오늘날의 지구 환경에 다시 나타난다면 과거처럼 종을 유지할 가능성이 얼마나 되고, 그것이 불가능하다면 그 이유가 무엇인지이군요. 질문에 답해 주기 위해 고생물학자 공용달 박사님과 물리학자 오물리 교수님 나오셨습니다. 그럼 먼저 공용달 박사님, 말씀해 주시죠.

공용달 — 답변하기 전에 제가 질문을 먼저 드리겠습니다. 알라딘 님은 공룡과 고래 중에 어느 것이 더 크다고 생각하세요?

알라딘 — 그거야 뭐 공룡 아니겠어요? 그동안 영화나 책을 통해 본 공룡의 모습은 상상 이상으로 거대했습니다. 고래도 몸집이 크긴 하지만 공룡만큼은 아닐 것 같은데요.

공용달 — 많은 분들이 그렇게 생각하시는데 실제로는 고래가 공룡보다 훨씬 큽니다. 고래 가운데 가장 큰 종인 대왕고래와, 가장 크다는 공룡 아르젠티노사우루스를 비교하면 몸길이는 33미터로 비슷하지만, 대왕고래의 몸무게는 약 190톤으로 아르젠티노사우루스(약 70톤)의 3배 가까이 됩니다. 원래 덩치를 비교할 때는 몸길이보다 부피와 무게를 더 중요한 기준으로 삼아요. 그래서 대왕고래를 더 크다고 하는 겁니다.

참고로 아르젠티노사우루스는 아르헨티나에서 발견된 초식 공룡으로, 현재까지 발견된 공룡 가운데 몸무게가 가장 무거운 것으로 알려졌어요. 이들은 무리 생활을 하며 빗살처럼 생긴 이빨로 나뭇잎을 먹고 살았는데 몸집은 커도 성질이 온순했죠.

알라딘 — 그렇군요. 그런데 동물의 덩치가 크면 생존에 이점이 있을까요?

공룡달 — 일단 포식자로부터 스스로를 보호하기 좋습니다. 실제로 성인 코끼리의 경우, 몸집이 크고 피부도 두꺼워서 사자나 호랑이도 사냥할 엄두를 내지 못할 정도죠. 날카로운 이빨과 발톱이 없는 초식동물은 이처럼 큰 덩치가 어느 정도 보호 역할을 합니다.

하지만 지나치게 큰 덩치가 오히려 불리한 조건이 되기도 해요. 덩치를 유지하기 위해 그만큼 많이 먹어야 하는데 이게 만만치 않은 노동이거든요. 코끼리의 경우 하루 평균 약 150킬로그램의 식량을 먹어야 합니다. 그래서 일과의 대부분을 먹는 일로 보내는데, 매우 비효율적이죠.

알라딘 — 그렇다면 공룡보다도 큰 대왕고래는 어떻게 먹이를 구하나요?

공룡달 — 고래는 먹이를 구하는 방식에 따라 크게 두 부류로 진화했습니다. 돌고래처럼 먹이를 빠르게 추적하며 사냥하는 부류가 있는데, 상대적으로 몸집이 작아요. 반면에 대왕고래처럼 바닷물을 최대한 들이마셔 그 속에서 먹이를 잡아먹는 부류는 덩치가 크게 진화했죠.

그런데 앞서 말했듯 큰 덩치가 생존에 유리한 것만은 아니기 때문에 과학자들은 바다에서든 육상에서든 대왕고래 이상의 크기를 지닌 생물은 지구에서 살기 힘들 거라 말합니다. 사실 생물의 몸집은 이 외에도 자손 번식 등의 여러 조건을 감안해 진화했습니다. 그렇기 때문에 고질라나 카이주처럼 키가 100~200미터에 달하고 몸무게도 수천 톤에 이르는 생명체는 현실에 존재하기 힘듭니다.

오물리 — 저는 역학적인 측면에서 괴수가 지구상에 존재하기 어려운 이유를 설명해 볼게요. 보편적으로 생물은 덩치가 클수록 힘도 셉니다. 근육의 힘은 근육의 단면적에 비례해 늘기 때문인데, 팔다리가 굵으면 그만큼 힘이 세지고 생존에 유리한 것은 사실입니다.

그런데 여기에도 한계가 있어요. 덩치에 따라 힘이 느는 폭보다 몸무게가 느는 폭이 더 크기 때문입니다. 즉, 덩치가 2배로 커지면 근육의 힘은 4배 늘어나지만 몸무게는 무려 8배나 늘어서, 일정 시점이 지나면 몸이 지나치게 둔해져 생존에 불리해집니다. 엄청난 몸무게를 지탱하려면 뼈가 그만큼 크고 다리가 튼튼하며 발바닥도 넓어야 하니까요. 또 몸의 단면적이 늘어나면 몸 곳곳에 혈

액을 순환시키는 능력도 그만큼 뒷받침돼야 해요.

알라딘 — 물에서 사는 고래는 아무래도 육상동물보다는 역학적인 제약을 덜 받을 것 같아요.

오물리 — 그렇습니다. 대왕고래는 현존하는 생물 가운데 몸집이 가장 큰데, 물에서 살기 때문에 역학적인 제약을 덜 받습니다. 물속에서 작용하는 부력이 대왕고래의 엄청난 체중, 즉 중력을 떠받치기 때문입니다. 그래서 대왕고래는 몸집이 큰 육상동물에 필수인 튼튼한 허리와 다리 없이도 자유자재로 활동하는 데 어려움이 없습니다. 또 주 서식지인 북극이나 남극 주변에는 크릴이 풍부해 먹이 걱정 없이 큰 덩치를 유지할 수 있죠.

question

과거에는 지구상에 공룡뿐만 아니라 거대한 곤충도 있었다고 들었습니다. 그렇다면 덩치가 큰 생물이 번성한 당시의 지구 환경은 현재와 어떻게 달랐나요?

공룡 시대의 지구는 어땠을까?

알라딘 — 저도 과거에 새처럼 큰 잠자리가 살았다는 이야기를 어디선가 들었습니다. 동물은 물론이고 곤충마저도 그렇게 컸다는 게 참 신기한데요. 지구 환경이 분명 현재와는 여러모로 달랐을 것으로 보입니다. 어떤 차이가 있을까요?

공용달 — 고생대 석탄기에는 갈매기만큼 큰 잠자리가 날아다니고 거대한 양치식물(관다발식물 중에서 고사리처럼 꽃이 피지 않고 포자로 번식하는 식물)이 숲을 이뤘습니다. 고생대 석탄기는 고생대의 후반에 해당하는 시기로, 곤충류와 양서류가 무척 번성했고 파충류가 처음 나타나기 시작했죠. 이 시기 번성한 식물과 곤충은 죽은 뒤 매장되어 화석연료인 석탄이 됐는데, 현존하는 석탄 매장량의 대부분이 이 시기에 만들어져 '석탄기'라는 이름이 붙었습니다.

석탄기의 식물과 곤충은 크기가 매우 거대했어요. 곤충은 동물에 비해 호흡기관이 덜 발달해 덩치를 키우기 어려운데, 당시에는 산소의 농도가 매우 높아 몸 안에 산소를 공급하기가 수월했을 겁니다. 게다가 기온도 높아서 식물과 곤충이 잘 자랄 수 있는 환경이 마련되었죠.

이런 '곤충과 꽃의 시대'는 중생대로도 이어졌습니다. 특히 이 시기는 기후가 매우 온화하고 이산화탄소가 풍부해 식물들이 광합성을 하는 데 최적의 조건을 갖추고 있었어요. 그 덕분에 식물이 번성했고 크기 또한 매우 컸으며, 이를 먹이로 하는 곤충과 공룡의 몸집도 절정에 달했습니다.

가장 몸집이 컸던 아르젠티노사우루스를 비롯한 초식 공룡들은 갈수록 키가 커지는 식물들을 먹기 위해 키를 키우는 방향으로 진화했어요. 초식 공룡의 몸집이 커지자 이를 잡아먹는 육식 공룡도 덩달아 덩치를 키웠습니다. 서로 다른 종이 영향을 주고받으며 함께 진화한 셈이죠. 생물학에서는 이처럼 서로 밀접한 관계를 갖는 둘 이상의 종이 상대 종의 진화에 상호 영향을 주며 진화하는 것을 '공진화'라고 합니다.

조금 더 과학적으로 질문하기

근육: 몸은 어떻게 움직일까?

인간의 몸은 골격에 붙은 근육을 통해 움직인다. 골격에 붙은 근육을 골격근이라고 하며, 골격근에는 운동신경이 분포되어 있다. 근육을 움직일 때는 먼저 뇌에서 운동신경으로 신호가 전달된다. 신호를 받은 운동신경에서는 아세틸콜린이라는 신경전달물질이 분비된다. 아세틸콜린이 분비되면 근육의 수축이 일어난다.

근육은 수축밖에 할 수 없지만 이를 통해 다양한 움직임을 만든다. 근육이 수축할 때는 ATP가 필요하므로, 이를 위해 근육은 ATP를 저장해 놓는다. 하지만 3초 정도의 수축밖에 지속하지 못할 정도로 소량이라, 이 에너지를 모두 소모하면 추가로 받아 움직인다. 한편 무리한 운동을 하고 나면 몸이 뻐근해지는데, 이는 근육에 젖산이 쌓이기 때문이다.

화석: 생물의 진화는 어떻게 알 수 있을까?

최초의 생명체가 생긴 후, 지구에서는 수많은 생물이 생기고 멸종했다. 새로운 생물의 존재는 화석을 통해 확인된다. 화석을 보면 과거 생물이 현재 생물과 형태가 달랐다는 것도 알 수 있고, 생물이 어떻게 진화해 왔는지도 살펴볼 수 있다. 가령 공룡과 조류의 특징을 모두 가진 시조새의 화석을 통해, 새가 공룡에서 진화했다는 사실을 알 수 있다. 즉, 현생 조류의 조상은 육식 공룡이다.

마찬가지로 5,300만 년 전 서식했던 육지 포유류인 파키세투스가 현재의 고래로 진화했다는 것도 화석으로 알 수 있다. 파키세투스는 발굽이 있는 우제류로 모습은 늑대나 개와 닮았지만, 고래의 특징인 달팽이관과 지느러미가 있었다. 파키세투스는 물가에서 생활하다가 점차 덩치가 커지면서 앞발이 앞지느러미로, 뒷발이 점차 퇴화하는 과정을 거쳐 고래가 된 것으로 추정된다.

ON AIR

고래가 잠수의 달인이 된 비결은?

question

포유동물인 고래는 아가미가 아닌 폐로 호흡하는데, 깊은 바닷속에서 오랜 시간 견디는 것을 보면 참 신기해요. 물론 물개나 바다사자도 먹이를 사냥할 때는 깊은 물속으로 잠수하지만 그 시간이 비교적 짧고 주로 연안(바다를 따라 잇닿아 있는 육지)에서 생활하잖아요. 이에 비해 고래는 그 큰 덩치로 훨씬 깊은 곳까지 잠수해 오랜 시간 지낸다고 해요. 고래 잠수 능력의 비밀을 밝혀 주세요.

1시간 이상 잠수하는 고래의 비결

알라딘 — 이번 질문은 포유동물인 고래가 깊은 바닷속에서 생활하는 비결이네요. 이 질문에 답해 주실 해양생물학자 표세돈 박사님과 공학박사 거북손 박사님 나오셨습니다. 심해에서는 폐호흡이 불가능한 데다 엄청난 수압까지 견뎌야 하는데, 고래는 어떻게 이런 상황을 이겨 내는지 설명을 부탁드립니다.

포세돈 — 바다의 포유동물들은 대부분 잠수 실력이 우수합니다. 그중에서도 고래는 최고로 꼽히죠. 고래종 가운데 잠수 실력이 가장 뛰어나다고 알려진 향유고래는 1시간 이상 잠수가 가능하며 수심 2,000미터 아래에서도 먹이를 찾습니다. 일반적으로 고래는 심해에서 활동하다 폐호흡이 필요하면 수면으로 떠올라 머리 위에 있는 분수공(콧구멍)으로 물을 뿜어내면서 공기를 들이마셔요. 그런데 공기를 들이마시지 않고도 최대 1시간 반가량 버틸 수 있으니 정말 놀라운 잠수 실력이죠.

여기엔 여러 가지 비결이 있는데, 우선 고래의 산소 결핍 적응 능력이 매우 탁월하다는 점입니다. 고래의 경우 산소가 부족할 때 몸에 생기는 피로물질인 젖산을 조절하는 유전자가 다른 포유류에 비해 월등히 많아요. 우리가 격한 운동을 할 때 피로감이나 통증을 느끼는 이유는 산소 부족으로 인한 젖산의 과다 분비 때문이에요. 그런데 고래는 젖산의 양을 잘 조절하니 몸에 큰 무리가 없는 겁니다.

알라딘 — 잠수할 때 산소가 부족해도 젖산이 많이 생길 수 있군요. 산소가 부족한 상황에서도 고래가 큰 불편을 느끼지 않는 이유를 잘 알겠습니다. 그런데 혹시 고래 몸에 산소를 많이 저장하는 기능은 따로 없나요?

표세돈 — 고래의 몸에는 산소를 저장하고 공급하는 데 도움을 주는 단백질이 매우 풍부합니다. 대표적인 예가 바로 헤모글로빈과 미오글로빈이에요. 혈액의 적혈구 속에 존재하는 헤모글로빈은 폐로 들어온 산소와 쉽게 결합해 산소를 근육세포로 운반해요. 그러면 근육세포 내 미오글로빈이 산소를 저장하고 몸 곳곳에 공급하죠. 이 두 단백질이 많은 산소를 저장 및 공급하는 덕분에 산소가 당장 폐로 공급되지 않아도 고래의 생명엔 지장이 없습니다.

참고로 사람의 체중에서 피의 비율은 약 8퍼센트인데, 향유고래는 그 비중이 약 20퍼센트입니다. 그만큼 몸속 헤모글로빈의 양이 엄청난데, 게다가 근육 속 미오글로빈의 비율도 사람에 비해 10배나 높아요. 참고로 헤모글로빈과 미오글로빈은 각각 동물의 피와 근육을 붉게 만들기 때문에 고래 속살은 붉다 못해 검은빛이 돕니다.

알라딘 — 그러고 보니 언젠가 고지대 사람들의 핏속에는 저지대 사람들보다 많은 양의 헤모글로빈이 있다는 글을 본 것 같습니다. 이것도 산소와 관련이 있을까요?

표세돈 — 산소가 부족하면 호흡중추가 각 기관에 신호를 보내는데, 그로 인해 호흡이 늘고 핏속 헤모글로빈의 농도가 급격히 높아집니다. 이는 고산병 등 각종 후유증의 원인이 되죠. 우리가 아주 높은 산에 올랐을 때 두통, 식욕부진, 구토 등에 시달리는 이유는 낮은 기압으로 인해 산소가 적어졌기 때문입니다.

흥미로운 점은 사람도 고래처럼 산소가 부족한 환경에 알맞게 진화한다는 사실입니다. 실제로 산소의 양이 적은 고지대에 사는 사람들의 핏속에는 상대적으로 헤모글로빈 양이 많다고 합니다. 즉, 그들의 몸은 산소를 적게 공급받아도 많은 헤모글로빈이 산소를 세포에 활발히 운반해 대사 활동에 지장이 없다고 해요.

고래는 왜 잠수병에 걸리지 않을까?

알라딘 — 심해의 수압은 엄청나다고 알고 있습니다. 고래는 이를 어떻게 견디는지 설명해 주시겠어요?

거북손 — 수압은 수심이 10미터 깊어질 때마다 평균 1기압씩 늘어납니다. 즉, 수심 1,000미터에서의 압력은 수면보다 100배가량 높아요. 고래같이 덩치가 큰 생물은 더 큰 압력을 받을 것 같지만, 어차피 압력은 단위면적당 작용하는 힘이라 몸의 크기와는 상관없어요. 다만 심해의 높은 압력에서 망가질 위험이 큰 곳은 고막이나 폐 등 내부가 기체로 이뤄진 기관입니다. 기체는 바깥 압력에 따른 부피 변화가 크기 때문이에요.

실제로 우리 몸이 높은 압력을 받으면 고체나 액체로 이뤄진 기관보다 폐와 고막이 더욱 파열되기 쉬워요. 하지만 고래는 폐의 탄력성이 워낙 커서 심해에서도 폐가 찌그러지기만 할 뿐 파열되진 않습니다.

알라딘 — 사람의 경우 수심이 깊은 곳에서 활동하다가 물 밖으로 급히 나오면 몸에 가해지는 압력 차이로 잠수병에 걸린다고 합니다. 그렇다면 고래는 잠수병에 걸릴 위험이 없는지 궁금해요.

거북손 — 공기 중 약 80퍼센트는 질소입니다. 사람이 호흡하면 질소가 폐를 통해 몸으로 들어왔다 다시 빠져나갑니다. 그런데 압

력이 높은 심해에
서는 몸에 남은 질
소가 핏속으로 녹아듭니다. 문제
는 몸이 수면 위로 올라올 때 이 질소 기
체가 갑작스럽게 기포를 만든다는 거예요.
이 기포가 피를 타고 돌아다니다 혈관을 막는
등의 각종 문제를 일으키는 것이 잠수병입니다.
뉴스에서 잠수사들이 현기증과 구토, 마비 증
상에 시달리거나 목숨까지 잃었다는 소식을 본 친구들이 있을 겁
니다. 이러한 잠수병을 막으려면 수면으로 올라올 때 핏속 질소
가 폐를 통해 서서히 빠져나가도록 천천히 올라와야 해요.

수심 1,000~2,000미터의 심해와 수면을 오가며 생활하는 고래
는 잠수병의 위험에 늘 노출되어 있어요. 하지만 다행히도 고래
의 폐는 압력을 크게 받을 때는 최대한 쪼그라들어 피에 공급되
는 공기의 양을 최대한 줄입니다. 덕분에 핏속 질소 유입량이 줄
어 수면으로 올라갈 때 기포가 생길 위험이 낮아지죠. 물론 이처
럼 폐가 수축해도 생명에 지장이 없는 이유는 고래의 피나 근육
에 많은 산소가 저장 및 공급되기 때문입니다.

question

고래가 깊은 물속으로 가라앉았다가 수면 위로 떠오르려면 엄청난 힘이 필요할 것 같은데 그 힘의 정체는 무엇인가요?

고래와 닮은 잠수함

거북손 — 물체가 물에 가라앉고 뜨는 데 필요한 힘은 중력과 부력입니다. 잠수함에는 부력을 형성 및 조절하기 위한 탱크가 있어요. 여기에 물이나 공기를 넣어 부력의 변화를 일으킵니다. 잠수함이 물속으로 들어갈 때는 탱크에 물을 넣어 선체의 밀도를 높였다가 수면 위로 올라올 때는 탱크의 물을 빼고 공기를 넣어 밀도를 낮추는 식입니다. 고래에게도 이런 식으로 부력을 조절하는 기능이 있는데, 종에 따라 차이는 있어요.

일반적으로 어류는 공기주머니인 '부레'라는 기관으로 물에 뜨는 힘인 부력을 얻습니다. 하지만 포유류인 고래에게는 부레가 없죠. 따라서 고래는 부레 대신 골밀도(뼈의 밀도)를 낮추어 부력을 얻는 방향으로 진화했어요. 뼛속에 공간을 만든 거죠. 게다가 고래는 피부 밑에 두터운 지방층이 존재합니다. 지방은 물보다 가벼워서 고래를 떠오르게 하는 데 도움을 줘요.

이와 더불어 향유고래는 조금 특이한 방법으로 부력을 조절해요. 향유고래는 뭉툭한 사각형 머리의 무게가 체중의 3분의 1에 이르는데, 그 안이 특유의 지방 조직으로 가득 차 있습니다. 향유고래가 물을 한껏 빨아들여 지방 성분을 식히면, 액체 상태였던 지방 성분이 고체 상태로 변하면서 비중이 커져 무게추 역할을 하게 됩니다. 잠수함이 내부 탱크에 물을 넣고 뺄 때 일어나는 질량 변화를 통해 부력을 조절하듯이, 향유고래는 지방 성분의 상태가 바뀔 때의 비중 변화로 부력을 조절하는 거죠.

조금 더 과학적으로 질문하기

케이슨병: 공기 중에서도 잠수병에 걸린다?

잠수병은 물속에서 일을 하는 잠수사나 해녀들이 주로 걸리는 병으로 알려져 있지만, 공기 중에서 작업하던 사람이 걸리기도 한다. 19세기 이후 건설 공법이 발달하면서, 다리를 건설할 때는 기초 공사를 하기 위해 이른바 '케이슨'이라는 잠함을 이용해 강바닥에서 작업을 하곤 한다. 케이슨은 위아래가 뚫린 통 형태의 구조물로, 안으로 물이 들어오는 것을 방지하기 위해 내부는 대기압보다 높은 기압 상태를 유지하는 게 일반적이다. 따라서 케이슨 안에서 작업하던 인부들이 바깥으로 올라오면 갑자기 현기증이나 마비, 통증 등의 증세를 보이는 경우가 많다. 높은 기압의 케이슨 내에서는 멀쩡하던 사람이 땅 위로 올라오면 잠수병에 걸리는 것이다. 그래서 잠수병을 케이슨병이라고도 한다.

적혈구: 피는 어떻게 산소를 운반할까?

사람이 숨을 쉬면 폐 속으로 산소가 풍부한 공기가 들어갔다가, 산소는 줄어들고 이산화탄소가 늘어난 공기가 폐 밖으로 나온다. 즉, 폐로 들어온 산소는 폐포에서 모세혈관으로 이동하고, 혈액은 이를 필요한 조직 세포에 공급해 준다. 그리고 이산화탄소는 모세혈관에서 폐포로 나온 뒤, 날숨을 통해 몸 밖으로 빠져나간다. 이때 문제는 산소를 조직 세포로 운반하는 일이다. 산소는 물에 대한 용해도가 낮아, 만약 혈액이 수분으로만 이루어져 있다면 산소는 거의 운반되지 못할 것이다. 혈액 속에서 산소를 운반하는 역할을 하는 게 적혈구의 헤모글로빈이다. 헤모글로빈은 1분자당 4개의 산소 분자를 운반하는 단백질이다.

생각보다 더
신기하고
아름다운 곳
이야기

ON AIR

토르는 어떻게 번개를 만들까?

question

영화와 게임을 좋아하는 학생이에요.
영화 〈어벤저스〉를 보면 천둥의 신인 토르가 번개를 쓰는 장면이 나와요. 게임에서도 번개를 써서 상대를 물리치는 캐릭터가 있고요. 다소 엉뚱하고 황당한 질문 같지만 실제로도 번개를 만들어 쏘는 게 가능할까요? 쓸데없는 질문이라 무시하지 말고 꼭 알려 주세요.

번개의 정체는 무엇?

알라딘 — 재미있는 질문이네요. 영화나 게임을 보면 번개를 써서 적을 물리치는 캐릭터들이 많죠? 이들이 어떻게 번개를 만드는지 궁금하다는 질문이군요. 이 재미있는 질문에 답해 주실 전기공학자 일렉맨 님과 응급의학과 신의손 교수님 나오셨습니다.

토르

일렉맨 — 네. 질문에 답하기 전에 먼저 쓸데없는 질문이라는 것은 없다고 말씀드리고 싶네요. 비록 엉뚱하고 황당해 보여도 탐구하려는 게 과학의 자세니까요. 토르처럼 번개를 만들어 쏘는 인물은 실제로 존재하지 않지만 번개를 만드는 원리는 있습니다.

알라딘 — 그렇군요. 그럼 번개의 정체부터 밝히는 게 답을 찾는 지름길이겠네요.

일렉맨 — 네. 번개란 무엇인지부터 알아보죠. 사실 중세 시대까지만 해도 사람들은 번개를 그저 신의 뜻으로만 여겼습니다. 그러다가 1752년, 미국의 정치가이자 과학자인 벤저민 프랭클린이 번개가 전기의 일종이란 사실을 실험으로 확인했죠. 당시 그는 전기가 잘 통하는 젖은 끈에 금속 열쇠를 매달고 이를 연줄로 삼아 번개가 치는 구름을 향해 연을 띄웠습니다. 그랬더니 열쇠에서 불꽃이 번쩍였어요. 공중에 떠 있는 연줄로 전기가 흐르면서 발생한 현상인데, 이것이 그 유명한 '연날리기 실험'이죠.

이로써 프랭클린은 번개의 실체가 전기라고 확신했습니다. 그는 이 열쇠를 '라이덴병'에 대어 전기를 저장하는 데에도 성공했어요. 라이덴병은 축전기의 일종이에요. 유리병에 납과 주석의 합금을 얇게 바른 다음, 병마개에 금속 막대를 꽂고 그 끝에 사슬을 달아 병 밑면에 닿게 한 장치입니다. 사실 프랭클린의 연날리기 실험은 매우 위험한 것이었지만 그때는 위험성을 잘 몰랐어요. 그 이듬해 러시아의 게오르크 리히만이라는 물리학자는 연날리기 실험과 비슷한 실험을 하다 감전으로 죽고 말았습니다.

왜 번개는 땅으로 떨어질까?

알라딘 — 그런데 하늘에서 생긴 번개가 어떻게 땅에 피해를 줄까요?

일렉맨 — 번개는 종종 우리가 사는 땅까지 내려와 나무를 쓰러뜨리고 심지어 사람의 목숨까지 앗아 갑니다. 그때 우리는 '번개 맞았다'는 표현 대신 '벼락 맞았다'는 표현을 써요. 하늘에서 생긴 번개가 땅으로 내려오면 주로 높고 뾰족한 곳에 떨어지는데, 번개가 어떤 물체에 맞는 현상을 벼락이라 하기 때문입니다. 프랭클린의 연날리기 실험은 어찌 보면 일부러 벼락을 맞은 셈이니 아주 위험했던 거죠.

하지만 이 실험 덕분에 프랭클린은 피뢰침을 만들었습니다. 전기가 금속에 잘 통한다는 사실을 이용해 번개를 유인하는 장치를 개발한 거예요. 피뢰침은 번개가 사람이나 건물로 떨어지는 걸 막아 주기 때문에, 오늘날 건물이나 탑 등에 의무적으로 설치됩니다. 참고로 피뢰침에는 땅으로 전류를 흘려보내는 전선이 연결돼 있어, 건축물에 전류가 흐르는 걸 막아 줍니다.

알라딘 — 그러면 번개는 대체 왜 땅으로 떨어질까요?

일렉맨 — 프랭클린이 실험을 통해 밝혔듯이, 번개는 구름이 전기를 외부로 흘려보내는(방전시키는) 현상입니다. 그런데 그 일부가 땅으로 떨어지는 이유를 알려면 구름 안에서 어떤 현상이 벌어지는지를 먼저 파악해야 합니다.

구름에서 번개가 만들어지는 것은 정전기 때문입니다. 정전기는 물체가 주로 마찰할 때 생겨 '마찰전기'라고도 하는데, 두 물체 사이를 전자가 이동하면서 전자를 잃은 물체는 (+) 전기를 띠고, 전자를 얻은 물체는 (-) 전기를 띠어요. 이렇게 저장된 정전기가 적절한 물체에 닿으면 순식간에 찌릿 하고 불꽃을 튀기며 이동하죠. 전선 속을 흐르는 전기와 달리 물체에 머물러 있는 정전기는 불안정하니, 일정 수준에 이르면 전자를 방출해 이를 해소하는 겁니다.

번개도 정전기와 마찬가지예요. 구름의 경우 물방울과 얼음 알갱이들이 마찰할 때 전자가 이동하면서 구름 위쪽은 (+), 아래쪽은 (-) 전기를 띱니다. 이렇듯 구름 속에 있는 (+) 전기와 (-) 전기가 이 불안정한 상태를 깨고 서로 부딪쳐 발생하는 것이 바로 번개예요. 이때의 에너지는 수억 볼트의 전압으로 우리가 일상에서 경험하는 정전기와는 비교할 수 없을 정도로 엄청납니다.

알라딘 — 자연의 힘은 위대하네요. 그럼 번개가 아주 세니까 땅까지 내려오는 건가요?

일렉맨 — 정전기로 인해 전기가 많아진 구름은 땅으로 전기를 유도합니다. 이때 땅에는 (+) 전기가 생겨요. (-) 전기를 띠는 구름 아래에 의해 지표가 (+) 전기를 띠는 정전기 유도 현상이 발생하기 때문입니다. 정전기 유도란 금속 근처에 대전체(전기를 띤 물체)를 가까이 가져갔을 때 대전체와 가까운 쪽은 대전체와 다른 종류의 전하를 띠고, 먼 쪽은 같은 종류의 전하를 띠는 현상이에요. 이에 따라 구름 아래쪽 (-) 전기와 지표면의 (+) 전기 사이에 인력이 작용해, 구름 속 전자들이 땅으로 빠르게 이동하는 것이 번개입니다.

알라딘 — 이제 번개에 대해 정확히 알았습니다. 그럼 정전기를 써서 인공 번개를 만들 수도 있겠군요.

일렉맨 — 맞아요. 정전기는 흔한 현상인 데다 원리도 단순해 고압의 정전기를 만드는 장치는 어렵지 않게 찾아볼 수 있습니다. 대표적인 정전기 발생 장치가 밴더그래프 발전기인데 과학관에 가면 쉽게 볼 수 있어요. 원통 위에 금속 공이 올라간 모양인데, 바깥 원통과 안쪽 벨트의 마찰로 정전기가 생겨요. 그래서 금속 공에 손을 대면 정전기로 인해 머리카락이 사방으로 곤두서죠.

그런가 하면 실제 번개처럼 굉음과 스파크를 일으키는 강력한 장치도 있습니다. 테슬라코일이란 것인데, 저전압을 순간적으로 400만 볼트의 고전압으로 바꿔 일시에 방전을 일으켜서 인공 번개를 만들죠.

question

심장마비로 쓰러진 사람에게 쓰는 심장 제세동기의 원리가 심장에 전기 충격을 주는 것이라는 게 사실인가요? 전기가 몸에 흐르면 위험하지 않을까요?

사람을 살리는 전기, 심장 제세동기

신의손 — 전기 관점에서 본다면 사람도 로봇과 작동하는 게 다를 바 없습니다.

알라딘 — 아니, 사람이 로봇처럼 작동한다니 무슨 그런 충격적인 말을 하시는지요?

신의손 — 작동이라는 표현에 거부감을 느낄지 모르겠지만 사람 근육의 움직임은 전기신호를 따른 결과입니다. 뇌가 신경세포를 통해 내보낸 전기신호가 근육을 수축하거나 이완하게 해 움직임이 일어나죠. 마찬가지로 심장도 전기신호로 작동하는데, 여기에 이상이 생기면 심장마비가 올 수 있습니다.

알라딘 — 그러면 마비로 멈춘 심장에 전기를 흘려주면 심장이 다시 뛸까요?

신의손 — 네. 심장이 뛰지 않으면 먼저 응급처치로 심장을 압박해 피를 내보내 다시 뛰도록 합니다. 그런데 이 같은 응급처치에도 불구하고 심장이 뛰지 않으면 전기 충격을 가해 뛰도록 유도합니다. 이때 쓰는 기구가 심장 제세동기예요. 심장에 일시적으로 높은 전압을 걸어 전류가 흐르게 함으로써 심장을 뛰게 하죠.

의학 드라마에서 의사들이 다리미처럼 생긴 기기를 환자 가슴에 대고 "200줄(J) 차지(charge)!"라고 외치는 장면이 많이 나옵니다. 이 기기가 바로 심장 제세동기인데 일시에 200줄의 전기에너지를 내보낸다는 의미죠. 심장 제세동기는 수천 볼트의 전압을 쓰는 만큼 위험성이 커서 함부로 사용하면 안 됩니다.

알라딘 — 옆에 바짝 붙었다가 감전될 수 있다는 말씀인가요?

신의손 — 네, 그렇습니다. 그래서 심장 제세동기는 전문가만 사용해야 해요.

조금 더 과학적으로 질문하기

정전기: 미세먼지를 어떻게 제거할까?

겨울철 정전기가 생기면 불쾌할 뿐 아니라, 이때 생긴 불꽃으로 주유소 같은 곳에서는 불이 나기도 한다. 그래서 우리는 정전기가 해롭다고 느낄 때가 많다. 하지만 정전기는 생활에서 유용하게 쓰이기도 한다.

가장 대표적인 것이 음식을 포장할 때 쓰는 비닐 랩으로, 이는 정전기 덕에 접착제 없이도 그릇에 붙는다. 또 전기를 띤 물체끼리 서로 붙는 성질을 이용해 공기 중 미세먼지를 없애기도 한다. 공기청정기나 공장의 집진기는 정전기를 일으켜 먼지가 전하를 띠도록 한 뒤, 제품 내에서 반대 전하를 일으켜 먼지를 기계 안으로 끌어당긴다. 이 외에 복사기와 프린터도 정전기를 이용해 종이 위에 토너나 잉크를 뿌린다.

동물전기: 사람의 몸에도 전기가 흐를까?

1786년 이탈리아의 생물학자인 루이지 갈바니는 개구리를 해부하다가 동물전기를 발견했다. 죽은 개구리 다리에 칼을 댔는데 개구리 다리가 움직였던 것이다. 이를 통해 갈바니는 피가 몸에 흐르듯 동물한테도 전기가 흐른다고 여겼다. 하지만 이때 갈바니가 말한 동물전기는 오늘날 우리가 아는 전기현상과는 다르다. 죽은 개구리 다리가 움직인 것은 근육에 전달된 전기화학적 신호로 근육이 수축했기 때문이다. 이와 달리 전기는 전선을 통해 전자의 흐름이 일어나는 현상이다. 둘 다 전기현상이라는 점에서는 같지만, 동물의 몸에서는 전선 내부에서와 같은 흐름이 일어나지 않는다.

영화나 드라마를 보면 의사가 환자의 상태를 파악하기 위해 심장 부근에 전극을 붙이고, 모니터를 통해 파동의 모습을 확인하는 장면이 나온다. 이 파동은 전류의 흐름이 아니라 심장에서 생긴 전압의 변화를 보여 주는 것이다.

ON AIR

엘사의 얼음성은 어떻게 생겨났을까?

question

애니메이션 〈겨울왕국〉의 명장면은
뭐니 뭐니 해도 엘사가 허허벌판에서 마법으로
얼음성을 만드는 것이에요. 제 생각에 이 얼음성은
아무것도 없는 상태에서 생겨났으니 공기를 얼린 게
아닐까 싶거든요. 이것이 과연 과학적으로도
가능한지 꼭 알려 주세요.

얼음이 언다는 것의 의미

알라딘 — "렛 잇 고~" 그때의 감동이 아직도 느껴집니다. 저도 〈겨울왕국〉을 아주 재미있게 봤는데, 역시 명장면은 엘사가 마법으로 얼음성을 만드는 장면이죠. 그 얼음성을 실제로 만들 수 있는지가 이번 질문입니다. 질문에 답해 주실 물리학자 콜드정 박사님과 응급구조학과 다구해 교수님 나오셨습니다. 먼저 콜드정 박사님! 공기를 얼리는 게 현실에서도 가능한가요?

콜드정 – 영화 속 마법이 실제로 가능한지 설명하기 전에 열의 정체에 대해 알아보죠. 물리학에서 열은 에너지의 일종으로 열에너지라고도 합니다. 물질이 가지는 열에너지의 정도를 표현한 게 바로 온도인데, 물질 상태는 이 온도에 따라 변합니다.

예를 들어 물은 100도에서 끓기 시작해 수증기가 되고, 0도 이하에서는 얼음이 됩니다. 물질마다 어는점과 녹는점, 끓는점은 다른데 이는 분자의 결합력으로 결정됩니다. 대개 결합력이 높은 물질일수록 많은 열이 가해져야 상태가 바뀌므로 어는점과 녹는점, 끓는점이 높습니다. 물보다 결합력이 낮은 산소의 끓는점은 영하 182.95도여서 현실에서 아무리 기온이 내려가도 산소는 기체 상태로 존재해요. 기체인 공기를 얼리려면 엄청난 온도 변화가 필요하다는 사실을 짐작할 수 있겠죠?

알라딘 – 그렇다면 엘사처럼 공기를 얼려 얼음성을 만드는 일은 가능성이 매우 낮을까요? 공기가 얼려면 어느 정도까지 온도가 내려가야 하는지 궁금합니다.

콜드정 – 공기는 질소, 산소를 비롯한 각종 성분이 혼합된 무색무취의 투명한 기체예요. 이들 기체 성분의 어는점은 각각 영하 수십~수백 도로 다양합니다. 이 중 산소는 액체에서 고체 상태로 변할 때의 온도가 영하 218.79도 아래이며, 다른 기체들도 물의 어는점인 0도보다 훨씬 낮은 것으로 알려져 있습니다. 그러니 현실에서 공기를 완전히 얼리는 것은 매우 어렵습니다. 아마도 공기가 얼기 전에 지구상의 모든 생명체가 꽁꽁 얼어붙을 겁니다.

그래서 엘사가 실제로 존재해 허허벌판에서 얼음을 만들었다면, 공기를 그대로 얼렸다기보다 공기 중에 약간 포함된 수증기만을 얼린 것으로 보아야 해요. 엘사가 얼음성 만드는 장면을 보면, 눈 결정 모양의 바닥에서 기둥이 솟아오르잖아요. 이것만 봐도 공기 그 자체를 얼린 게 아니라 공기 중의 물 분자들을 얼렸다는 걸 알 수 있죠.

에너지 보존 법칙:
얼음성이 생기면 불의 왕국도 생긴다

알라딘 — 엘사의 마법이 현실적으로 말이 되려면, 공기가 아닌 수증기를 얼음으로 만든 것이라 봐야 한다는 말씀이군요. 잘 알겠습니다. 그렇다면 엄청난 양의 수증기를 얼리면 다른 문제는 없을까요? 얼음이야 마법의 힘으로 만든다 해도 말이죠.

콜드정 — 앞서 열은 에너지의 일종이라 했죠? 그런데 에너지와 관련해 꼭 알아야 할 중요한 법칙이 있습니다. 바로 '에너지 보존 법칙'이에요. 이 법칙에 따르면 열은 어디로 사라지거나, 없었다가 새로 생기지 않아요. 쉽게 말해 전체 열에너지의 양은 항상 일정하며, 어느 한쪽에서 열을 잃으면 그만큼 다른 한쪽에는 꼭

열이 더해져요. 얼음성의 재료인 수증기의 온도가 낮아졌다면 그 만큼 다른 곳의 온도는 올라갑니다.

〈겨울왕국〉에서 엘사가 만든 얼음성은 매우 크죠? 그렇다면 얼음성 주변 어딘가에는 불의 왕국이 탄생할 수 있을 정도로 많은 열이 이동했을 겁니다. 에어컨의 작동 원리를 보면 이해하기 쉬울 거예요. 에어컨을 보면 방 안의 온도를 내린 만큼 실외기를 통해 밖으로 뜨거운 공기를 내보내잖아요? 엘사의 얼음성도 이와 같은 원리예요. 에어컨에서 엘사의 마법 역할을 하는 것은 바로 냉매라는 물질입니다. 얼음성은 에어컨으로 차가워진 실내, 불의 왕국은 뜨거운 공기가 나오는 실외기라 할 수 있죠.

알라딘 — 아, 에어컨에서는 냉매가 열을 빼앗아 온도를 낮추는 역할을 하죠?

콜드정 — 네, 그렇습니다. 그런데 에너지는 사용되는 과정에서 새로 생성되거나 소멸되는 법이 없습니다. 단지 다른 형태로 바뀔 뿐이죠. 곧 에너지의 총합은 증가하거나 감소하지 않아요. 이를 '열역학 제1법칙' 또는 '에너지 보존 법칙'이라고 합니다. 이러한 열역학 과정을 이용해서 열을 일로 바꾸는 장치를 '열기관'이라고 해요. 열기관은 고온의 열원에서 얻은 열로 일을 한 다음, 남은 열은 배출시키죠. 하지만 어떤 열기관은 저온의 열원에서 열을 빼내어, 고온의 열원으로 방출하기도 합니다. 이것은 마치 물펌프가 낮은 곳의 물을 높은 곳으로 밀어 올리는 것과 같으므로, 이런 열기관을 '열펌프'라고 해요.

이 같은 열펌프의 원리를 이용한 대표적인 장치가 바로 에어컨이에요. 이때 실내의 공기로부터 열을 빼내는 역할을 하는 게 냉매입니다. 냉매는 원래 가스 형태이지만 에어컨에서는 응축기에 의해 액화되어 액체 상태가 됩니다. 액체 상태의 냉매가 에어컨의 증발기에서 기체로 변하면서 주변 열을 흡수하는 것이 바로 에어컨이 온도를 낮추는 방법이죠.

알라딘 — 냉매가 액체에서 기체로 변화해 열을 빼앗는 것이군요. 그런데 앞에서 말씀하신 대로 그 열이 사라지는 게 아니라면 대체 어디로 가죠? 에너지 보존 법칙을 생각하면 결국 다른 쪽의 온도가 올라갈 수밖에 없을 텐데요.

콜드정 — 그래서 에어컨엔 열을 건물 밖으로 내보내는 장치가 있습니다. 실외기라는 장치인데 기화를 통해 흡수한 열이 실외기를 통해 빠져나가죠. 사실 에어컨은 엄밀히 말하면 차가운 공기를 생산해 공급하는 장치가 아닙니다. 냉매를 써서 주변 열을 흡수해 내보내는 장치입니다.

에어컨의 작동 원리를 통해서 어떤 상황이든 열은 이동할 뿐 새로 생기거나 사라지는 게 아님을 알 수 있습니다. 실내가 시원해진 이유는 그만큼의 열이 바깥으로 빠져나갔기 때문이죠. 엘사가 얼음성을 만들었다면 근처 어딘가에 불의 왕국이 생겼을 거라고 말한 이유입니다.

알라딘 — 아, 얼음성을 만들면 그런 불상사가 생겨날 수도 있겠군요. 과학의 세계는 역시 흥미롭습니다. 그런데 냉장고는 실외기가 없잖아요? 냉장고의 열은 어디로 나가나요?

콜드점 — 냉장고에도 분명 열이 나가는 곳이 있습니다. 집에 있는 냉장고를 보세요. 냉장고가 벽에서 약간 떨어져 있죠? 냉장고는 뒷면을 통해 바로 열을 내보내기 때문인데, 실제로 냉장고 뒷면에 손을 대 보면 따뜻합니다. 다만 냉장고는 에어컨보다 열의 이동량이 적어 실외기까진 필요 없을 뿐입니다. 다만 냉장고가 과열되면 주변 실내 온도가 올라갈 수는 있어요.

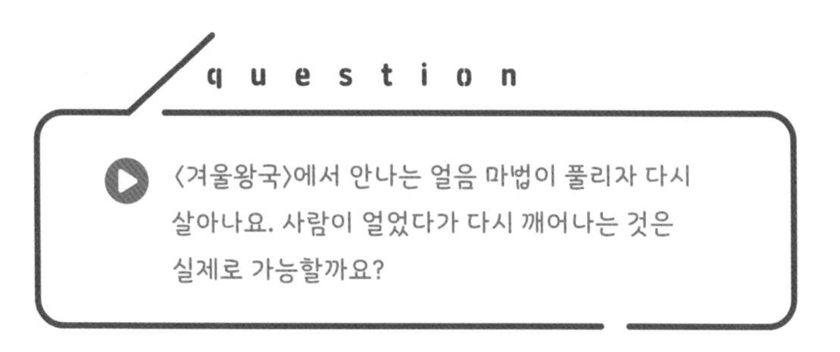

현대판 미라, 냉동인간

알라딘 — 이번 질문은 냉동인간 이야기와 관련이 깊네요. 실제로 불치병을 앓거나 늙어서 죽기 직전의 사람들 가운데 냉동인간이 된 경우가 있다고 들었습니다. 냉동인간이 있는 걸 보면 안나의 사례가 현실에서도 가능할 것 같아요.

다구해 — 현재 전 세계에 냉동인간은 약 350구입니다. 그런데 제가 냉동인간을 셀 때 '명'이 아니라 시체를 세는 단위인 '구'를 썼죠? 이유가 있습니다. 현존하는 냉동인간은 모두 죽은 직후 냉동된 상태이기 때문입니다. 냉동인간은 나중에 의학이 발전해 병을 고칠 기술이 실현되면 그때 해동해 생명을 연장시키려는 바람에서 시작됐습니다. 죽어서 없어지면 생명 연장이 불가능하니 냉동으로 '완전 사망'을 거부한 거예요.

그래서 현재로서는 냉동인간이 다시 깨어난다 해도 〈겨울왕국〉 안나처럼 다시 살아나는 것과는 차이가 있습니다. 게다가 현재 기술은 죽은 인체를 냉동 보존하는 데만 성공한 수준이지 완벽히 해동하는 것에는 이르지 못했습니다. 미국 미네소타대학 연구팀이 나노 입자를 이용해 얼었던 동물의 일부 조직을 해동시키는 데 성공한 정도랄까요?

조금 더 과학적으로 질문하기

열과 물질의 관계: 열은 어떻게 물질을 변화시킬까?

물질 상태가 바뀌는 가장 근본적인 원인은 열의 이동이다. 물이 얼음이 되려면 온도가 낮아져야(열을 빼앗겨야) 하고, 얼음이 물이 되려면 온도가 높아져야(열을 흡수해야) 한다. 열은 물질이 아니지만 이동하는 성질을 가진다. 특정 물질의 온도가 높아지면 물질 속 분자 사이의 인력이 약해져 분자의 움직임이 활발해지는 반면, 온도가 낮아지면 인력이 강해져 분자의 움직임이 줄어든다. 이런 상태 변화는 주변 온도에도 영향을 미치는데, 물질이 고체 → 액체 → 기체로 변하면 열을 흡수하여 주변 온도가 내려간다. 이와 반대로 기체 → 액체 → 고체로 변하면 열이 방출되어 주변 온도가 올라간다. 북극해 연안에 사는 이누이트족은 날씨가 추울 때 이글루 안쪽 벽에 물을 뿌린다. 그러면 상태 변화의 원리에 따라 벽의 물이 얼면서 열을 방출하고, 이로 인해 이글루의 내부 온도는 올라간다.

열과 화학반응: 냉장고 속의 음식은 왜 잘 상하지 않을까?

냉장고 속에 음식을 넣으면 부패하지 않고 더 오래 보관할 수 있다. 일반적으로 음식물은 온도가 낮을수록 보관 기간이 늘어난다. 그 이유는 음식물을 부패시키는 미생물들이 온도가 올라갈수록 활발히 활동하기 때문이다. 더 활발히 활동한다는 것은 미생물이 음식물을 부패시키는 화학반응이 더 잘 일어난다는 뜻이다. 화학반응은 온도가 높을수록 활발하게 일어나므로, 겨울철보다 여름철에 음식이 더 잘 상한다. 다만 온도가 매우 높으면 미생물들이 죽기 때문에 가열을 통해 살균하면 음식의 보관 기간은 늘어난다.

ON AIR

구름을 타고 다니는 게 가능할까?

question

〈서유기〉의 손오공이나 그리스 신화의 제우스는
구름을 타고 하늘을 자유롭게 이동합니다. 그런가 하면
애니메이션 〈업〉에 등장하는 인물들도 풍선을 타고
하늘을 날죠. 이런 걸 볼 때면 문득 사람도 구름이나
바람을 타고 하늘을 날 수 있을지 궁금합니다.
제 호기심을 꼭 해결해 주세요.

구름, 어떻게 생기는 걸까?

알라딘 — 이번 질문에 답해 주실 기상학자 장마철 박사님과 화학자 이상태 교수님 나오셨습니다. 먼저 장마철 박사님께서 구름이 무엇인지부터 설명해 주시겠어요?

장마철 — 구름이 어떻게 생기는지를 알면 그 정체도 파악할 수 있습니다. 한마디로 구름은 땅 위의 공기덩어리가 대기 중으로 상승할 때 만들어집니다. 공기덩어리가 상승하면 주위의 기압이 낮아지기 때문에 공기덩어리는 단열팽창을 합니다. 그러면 공기덩어리 내부 온도가 떨어지면서 수증기가 물방울로 변해요. 즉, 공기가 높이 상승하면 수증기가 물방울이나 얼음 알갱이로 변해 구름이 되는 겁니다. 한마디로 구름은 공기 중 수분이 미세한 물방울이나 얼음 알갱이가 되어 공중에 뜬 것입니다.

알라딘 — 단열팽창이 정확히 어떤 개념인지 이해가 잘 안 가네요. 이상태 교수님께서 설명을 더 해 주시겠어요?

이상태 — 단열팽창이란 물체가 외부와의 열교환 없이 부피를 팽창시키는 현상입니다. 기체는 고체나 액체에 비해 압력에 따른 부피 변화가 매우 커서 기압이 높을 때는 압축이, 기압이 낮을 때는 팽창이 일어납니다. 대기에서는 위로 올라갈수록 기압이 낮아져 팽창이 일어나는데, 이때 필요한 열을 내부 에너지에서 얻기 때문에 기체 내부의 온도가 떨어지게 되죠. 그러니까 단열팽창으로 인해 기체 온도가 낮아지는 것은 외부에 열을 빼앗겨서가 아니라 내부의 에너지를 소진해 버린 결과라고 볼 수 있습니다.

단열팽창의 사례는 우리 주변에서도 쉽게 볼 수 있어요. 뜨거운 음식을 '후~' 하고 불어 식히는 것도 단열팽창을 이용한 경우입니다. 입안의 따뜻한 공기가 밖으로 빠져나오면서 부피가 급격히 팽창해 찬바람으로 변하는 것이죠.

장마철 — 구름을 보면 대부분 일정한 높이에 떠 있습니다. 이

는 공기덩어리가 상승해 수증기가 물방울로 응결되는 데 필요한 높이라고 할 수 있어요. 따라서 대기 중에서 올라가는 공기의 흐름인 상승기류는 수증기가 응결해 구름이 만들어지는 데 꼭 필요한 조건입니다. 이때 공기덩어리 속의 수증기가 응결되기 시작하는 순간의 고도를 '상승 응결 고도'라고 합니다. 반대로 대기 중에서 내려오는 하강기류는 구름을 사라지게 하고 고기압을 만들어 날씨를 맑게 해요.

하늘에 뜰 수 있는 방법

알라딘 — 구름이 물방울이나 얼음 알갱이로 이뤄지는데 땅으로 바로 떨어지지 않는 이유는 뭘까요?

장마철 — 구름 입자도 중력의 영향을 받기 때문에 가까이서 보면 서서히 아래로 떨어집니다. 단, 그 입자는 매우 작고 가벼워 공기저항을 많이 받죠. 그러다 상승기류를 만나면 올라가고 다시 내려오기를 반복해요. 구름을 만든 물방울이나 얼음 알갱이가 뭉치고 커져서 무거워지면 비나 눈이 됩니다.

알라딘 — 구름 입자가 서로 뭉쳐 덩어리가 커지면 비와 눈이 되어 땅으로 떨어지니, 사람이 구름을 타고 다닐 방법은 없겠군요.

이상태 — 맞습니다. 작은 물방울이나 얼음 알갱이로 이뤄진 구름을 사람이 밟고 올라설 수는 없겠죠. 그러나 과학적 상상력으로 몇 가지 조건이 갖춰진다면 아주 불가능한 일은 아닙니다. 바로 구름 입자를 이루는 물 분자의 결합을 단단하게 해서, 구름을 고체 덩어리로 만드는 거죠. 마치 〈겨울왕국〉에서 엘사가 물을 얼음으로 바꿔 바다를 건넜던 것처럼 말이에요. 구름 속 물 분자들도 결합이 단단해지면 단단한 덩어리가 되어 사람의 무게를 지탱할 수 있습니다.

하지만 그렇게 되면 구름은 엄청난 무게로 공중에 떠 있지 못하고 떨어질 겁니다. 이를 막기 위해선 엄청난 힘이 필요한데, 이 역시 이론상으로는 완전히 불가능한 일이 아닙니다. 강력한 상승기류가 일어나 중력의 반대 방향으로 힘이 작용하면 무거운 구름이 떨어지는 것을 막을 수 있죠. 물론 이때의 바람은 엄청난 힘을 갖고 있어야 해요.

실제로 미국에서 종종 발생하는 토네이도는 무거운 물체를 하늘로 끌어올릴 정도로 강력한 힘을 가진 회오리바람입니다. 그로 인해 사람이나 지붕이 날아갈 정도이고, 호수나 바닷속 생물, 개구리까지 공중으로 빨려 올라간다고 해요. 즉, 사람이 타고 다닐 정도의 무거운 고체 구름도 토네이도급의 강력한 상승기류가 받쳐 주면 떠 있을 수 있다는 것입니다. 문제는 그러한 강력한 상승기류를 만들거나 조절하는 것이 현재 기술로서는 불가능하다는 거죠. 그래서 사람들은 구름처럼 둥둥 떠다니는 비행기를 만들어 하늘을 여행하고 있습니다.

question

파란 하늘에 뜬 흰 구름을 보면 기분이 절로 좋아져요. 그런데 하늘과 구름은 때에 따라 여러 가지 빛깔을 띱니다. 그 이유가 무엇인지 꼭 알려 주세요.

하늘은 파란색, 구름은 흰색인 이유

알라딘 — 구름은 모양도 색상도 참 다양한데, 구름의 색상이 여러 가지인 이유는 무엇인가요?

이상태 — 원래 모든 구름은 흰색입니다. 끓는 물에서 나오는 김을 보면 하얗죠? 이와 마찬가지입니다. 구름의 흰색은 빛의 산란 과정에서 생긴 결과물이에요. 여기서 산란은 빛이 물방울이나 얼음 알갱이에 부딪혀 사방으로 흩어지는 현상을 말합니다. 이때 가시광선 영역의 모든 빛이 고르게 퍼지면 그 빛의 합이 우리 눈에는 흰색으로 보입니다.

그런데 회색빛의 구름도 있죠? 회색빛 구름은 그만큼 두껍다는 의미입니다. 구름이 두꺼워지면 구름 내 물방울 입자 수가 많아져, 입자가 빛을 반사하는 대신 흡수하게 됩니다. 흰 구름에서는 물방울 사이의 간격이 충분해 빛이 고르게 반사되지만, 회색빛 구름 혹은 먹구름에서는 물방울 사이의 간격이 좁아 빛이 반사되지 못하고 흡수되면서 어두운 빛을 띠게 되죠. 결국 구름의 두께와 물방울의 밀도가 이러한 차이를 만들었다고 볼 수 있습니다.

청명한 하늘을 보면 대기가 무척 깨끗해 보이지만 사실 그 속에는 무수히 많은 입자가 존재합니다. 태양 빛은 지구로 들어올 때 대기를 구성하는 질소, 산소 등의 기체 분자와 부딪혀 여러 색깔의 빛으로 산란되는데, 이때 파란빛이 많이 퍼지면 하늘이 파랗

게 보입니다. 해 질 녘이 되면 지면을 비추던 태양 빛이 비스듬하게 기울면서 빛이 통과하는 거리가 길어져요. 이때는 파장이 짧은 파란빛이 줄어들고 파장이 긴 붉은빛과 주황빛이 넓게 퍼지면서 노을이 나타나게 되죠.

조금 더 과학적으로 질문하기

구름의 종류: 구름을 분류할 수 있을까?

하늘에는 똑같은 모양의 구름이 존재하지 않는다. 이렇게 크기와 모양은 모두 제각각이지만 비슷한 특징에 따라 분류하는 방법은 있다. 구름의 종류는 먼저 '높이'에 따라 상층운(6~13킬로미터), 중층운(2~6킬로미터), 하층운(0~2킬로미터), 수직으로 발달한 구름으로 나뉜다.

그리고 이것은 다시 '모양'에 따라 10가지로 분류된다. 상층운에는 권운, 권적운, 권층운이 있고, 중층운에는 고적운, 고층운이 있다. 하층운에는 층적운, 난층운, 층운이 있으며, 수직으로 발달한 구름에는 적운, 적란운이 있다. 구름의 이름에서 '권'은 주먹처럼 덩어리진 모양, '적'은 쌓인 모양, '층'은 넓고 평평한 모양을 뜻한다.

안개와 구름: 안개는 구름이랑 다른 것일까?

흐린 날 산에 가면 산 중턱에 구름이 걸린 모습을 종종 볼 수 있다. 구름과 안개는 성분이 같아서, 산 아래쪽에 있는 사람에겐 구름으로 보이지만 산꼭대기에 있는 사람에겐 안개로 보인다. 하지만 성분이 같을 뿐 만들어지는 원리는 다르다.

구름은 대기 중으로 높이 상승한 공기의 단열팽창으로 생긴다. 반면에 안개는 지표 가까이에 있는 수증기가 증발하거나 냉각하면서 만들어진다. 안개의 종류도 여러 가지인데, 복사안개는 지면의 냉각으로 지면 근처의 공기가 이슬점에 도달해 만들어진다. 증발안개는 주로 가을이나 초겨울 새벽 물가에 나타나는데, 찬 공기가 따뜻한 수면 위를 이동할 때 증발하면서 생긴다. 이류안개는 따뜻하고 습한 공기가 차가운 바다나 육지로 이동할 때 공기층 아랫부분이 냉각되면서 생기는 안개로, 바닷가나 연안에서 생기는 해무가 그 예다.

ON AIR

소금, 네가 왜 산에서 나와?

question

소금은 음식의 맛을 결정할 뿐만 아니라 우리가 건강을 유지하는 데 꼭 필요한 물질이라고 들었습니다. 그런데 최근에 한 TV 프로그램을 보니 소금을 산에서 캐는 경우가 있더라고요. 소금은 원래 바다에서 얻는 거 아닌가요? 소금을 산에서 캐는 게 어떻게 가능한지 꼭 알려 주세요.

바닷물이 짠 이유

알라딘 — 요리에는 소금이 필수죠. 삼면이 바다인 우리나라에서는 바다에서 소금을 얻는 게 상식인데 어떻게 산에서 채취한다는 건지 궁금하다는 질문입니다. 이번 질문에 답해 주실 해양학자 마소금 교수님과 지질학자 이강산 박사님이 나오셨습니다. 우선 마소금 박사님! 소금의 비밀을 알려 주시죠.

마소금 — 우리나라에서는 주로 염전에 모은 바닷물을 말려 소금을 얻는데, 이 방식을 이른바 '천일제염'이라 해요. 삼면이 바다이고 온대기후인 우리나라는 천일제염으로 소금을 얻기에 적합해요. 이렇게 얻은 소금에는 바닷물에 녹아 있던 여러 가지 염류(염분이 있는 여러 물질)가 들어 있는데, 그중 가장 많이 들어 있는 성분이 염화나트륨($NaCl$)입니다.

소금에는 짠맛을 내는 염화나트륨의 비중이 77.7퍼센트로 가장 높고, 그다음으로 쓴맛을 내는 염화마그네슘($MgCl_2$)과 황산마그네슘($MgSO_4$), 황산칼슘($CaSO_4$)이 각각 10.9퍼센트, 4.8퍼센트. 3.7퍼센트 정도 들어 있습니다. 그래서 소금은 대체로 짠맛이지만 쓴맛도 약간 섞여 있죠. 바닷물마다 이들 염류의 총량이 차지하는 비율에는 차이가 있지만 염류 성분들 사이의 비율은 항상 일정합니다. 이를 이른바 '염분비 일정 법칙'이라고 합니다.

알라딘 — 그렇다면 바닷속 염류는 어떻게 만들어지죠?

마소금 — 육지의 빗물이나 지하수는 바위나 암석으로 흐르면서 각종 광물질을 녹여 냅니다. 마치 차나 국물을 우려내듯이요. 이는 물이 만능 용매이기 때문에 가능한 일입니다. 이렇게 각종 광물질이 녹은 물은 바다로 흘러요. 물에 녹은 광물질은 이온 상태로 있다가 서로 결합하면서 각종 염류가 생깁니다.

하지만 바닷물의 염류가 모두 육지에서 흘러나온 것만은 아닙니다. 우리 눈에 보이지 않는 해저에서는 화산활동이 왕성하게 일어납니다. 여기서 분출되는 광물질도 염류를 만들죠. 즉, 바다는 육지를 비롯해 해저화산이나 해저의 갈라진 틈에서 염류를 공급받습니다. 이 외에 햇빛에 의한 수분 증발도 짠맛의 농도를 일정하게 합니다.

바다로 간 소금, 땅으로 간 소금

알라딘 — 바다에서 소금을 어떻게 얻는지는 이제 잘 알겠습니다. 그런데 산에서 소금을 캐는 일은 어떻게 가능하죠? 우리나라는 주로 바닷물을 말려 소금을 만들지만, 세계적으로는 산에서 채취하는 나라들이 더 많은 걸로 알거든요.

이강산 — 전 세계 산맥 가운데 상당수는 인류가 지구상에 출현하기 전 바닷속에 잠겨 있었습니다. 판구조론에 따르면 해저지형 속에서 판과 판이 충돌하면서 이때의 횡압력으로 지층이 땅 위로 솟아올라 산이 된 경우가 있다고 해요. 마치 카펫을 양쪽에서 밀면 가운데가 구부러져 솟아오르는 것과 같죠. 이처럼 산맥을 만드는 지각변동을 조산운동이라고 합니다. 해양지각이 솟아 산이 되면 대규모 습곡산맥이 만들어집니다. 우리에게 유명한 알프스산맥, 히말라야산맥, 안데스산맥, 로키산맥 등이 습곡산맥입니다. 이렇게 만들어진 산맥은 바닷속에서 솟아 올랐기 때문에 호수가 생기고, 물이 증발한 뒤 소금이 단단한 덩어리를 이뤄 소금 산이

만들어집니다.

조미료나 미용 용도로 인기 좋은 분홍색 히말라야 소금이 바로 히말라야산맥에서 나옵니다. 히말라야산맥에서는 소금뿐만 아니라 한때 조개 화석이 발견되어 화제가 되기도 했어요. 독일과 폴란드에는 유명 관광지가 된 소금 광산도 있습니다. 예전에는 이들 광산에서 소금을 활발히 캤다고 해요. 그런가 하면 볼리비아의 '우유니 소금 사막Salar de Uyuni'처럼 해저지형이 융기된 고지대에서도 소금이 나오죠. 오늘날 바다가 아닌 육지에서 채취되는 소금의 자취를 더듬어 보면, 지각변동의 오랜 역사를 느낄 수 있답니다.

알라딘 — 소금이 바다뿐만 아니라 산에도 있다는 사실을 이제 제대로 알았습니다. 그런데 육지의 염류가 바다로 모이면 시간이 흐를수록 바닷물의 짠맛이 강해지는지 궁금하네요.

이강산 — 바닷물 염분을 재는 단위는 psu, 우리말로 실용염분 단위라고 해요. 바닷물 1킬로그램당 염류 총량을 그램 수로 나타낸 것으로, 지구 바닷물의 평균 염분은 30~35psu죠. 바닷물의 염류는 계속 늘어 누적되는 게 아니라, 바다 생물체의 몸이나 해저 퇴적물을 만들기도 합니다. 전문가들은 이런 현상들로 인해 바닷물이 어느 정도 화학평형을 이룬다고 분석합니다. 즉, 염도가 일정히 유지된다는 것이죠.

question

우리 몸에 꼭 필요한 소금, 그런데 섭취량이 많으면 건강을 해친다고 하죠. 저는 달고 짠 음식을 무척 좋아하는데, 소금이 건강을 해치는 이유가 궁금해요. 꼭 답을 알려 주세요.

짜게 먹으면 왜 몸에 나쁠까?

이강산 — 소금은 사람이 생명을 유지하는 데 꼭 필요한 무기질 중 하나이자 조미료로 오랫동안 이용됐습니다. 그래서 과거에는 바닷가나 암염(육지에서 채취한 소금)이 나오는 곳 주변으로 소금을 구하려는 사람들이 모이면서 그곳이 교역의 중심지가 되기도 했어요. 그러나 오늘날에는 소금이 워낙 값싸고 풍부한 데다 건강에 대한 관심이 높아지면서 소금은 하찮다 못해 해로운 존재로까지 여겨지고 있죠.

짠 음식을 많이 먹으면 목마름을 느끼죠? 이건 체내에 나트륨이 지나치게 늘어날 경우, 콩팥이 몸속 염분을 소변으로 내보내는 데 필요한 물을 얻으려는 신호입니다. 콩팥은 몸속 염분을 조절하는 역할을 하는데, 소금을 계속 많이 먹으면 콩팥에 무리가 가서 병이 생길 수 있어요. 또한 염분이 소변으로 빠져나갈 때 칼슘도 빠져나가니 골다공증 환자에겐 무척 해롭죠.

알라딘 — 체액의 농도를 일정히 유지하려는 건 항상성 유지 때문이죠?

마소금 — 맞습니다. 인체에서 신진대사가 정상적으로 이뤄지려면 항상성이 유지돼야 하는데, 이를 위해서는 체액의 농도가 일정해야 합니다.

조금 더 과학적으로 질문하기

사해: 그 호수는 왜 죽음의 바다가 됐을까?

사해는 지표에서 가장 낮은 곳에 위치한 호수로, 해수면보다 395미터 정도나 아래에 있다. 원래는 지중해와 연결된 바다였지만, 지각변동으로 바다와 끊겨 내륙의 호수로 변했다. 사해는 염분 농도가 보통의 바다보다 평균 5배가량 높다. 그런데 건조한 사막에 위치한 까닭에 강수량에 비해 증발량이 훨씬 많고 호수 특성상 물의 순환도 활발하지 않아, 계속해서 호수의 높이는 낮아지고 염분 농도는 높아지고 있다. 사해의 물은 염분이 아주 높아 맛이 짜다 못해 쓰고, 일부 세균과 염생식물 말고는 생물이 살 수 없어 '사해', 곧 '죽음의 바다'라는 이름이 붙었다.

이온: 설탕과 소금의 결정적 차이는 뭘까?

설탕과 소금은 겉으로 보기에 모두 흰 가루지만 이를 제외하면 공통점이 거의 없다. 우선 설탕은 달고 소금은 짜다. 화학적으로도 차이가 있는데 설탕은 물에 녹아도 수크로스($C_{12}H_{22}O_{11}$), 즉 설탕 분자가 그대로 있지만 소금은 물에 녹으면 나트륨이온(Na^+)과 염화이온(Cl^-)으로 나뉜다.

설탕물에는 전기가 통하지 않지만 소금물에는 전기가 통한다. 나트륨이온과 염화이온이 전하를 이동시키기 때문이다. 소금처럼 물에 녹았을 때 전기를 흐르게 하는 물질을 전해질이라 하는데, 이는 물에 녹으면 이온을 만들 수 있는 물질이라는 뜻이다.

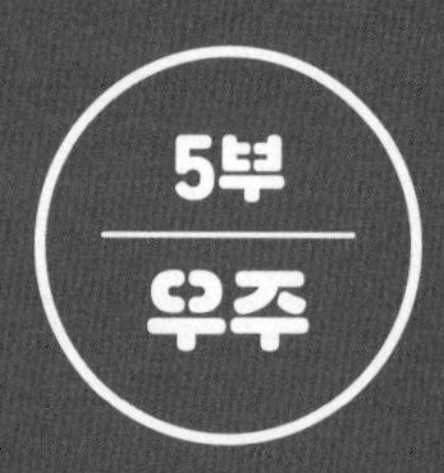

지구 밖을 여행하기 전 알아야 할 이야기

ON AIR

지구에 태양이 2개라면 무슨 일이 생길까?

question

영화나 소설 속 등장인물들이 승부를 내야 할 때 "하늘 아래 2개의 태양은 없다"라는 대사가 나오곤 합니다. 그런데 정말 지구에 2개의 태양이 뜨면 어떤 문제가 생길지 아는 사람은 별로 없는 듯해요. 또 태양계에 태양 같은 다른 별이 있을 가능성은 전혀 없는지에 대해서도요. 이 궁금증을 꼭 해결해 주세요.

하늘 아래 태양이 2개가 되면 생기는 일

알라딘 — "하늘 아래 2개의 태양은 없다"라는 말은 영화나 소설 속에서 승부를 내기 전 종종 나오는 말입니다. 태양계는 하나의 태양을 중심으로 돌아가니 이 말은 고정불변의 진실이기도 하고요. 그런데 정말 지구에 만약 2개의 태양이 뜨면 어떻게 될지

궁금하다는 질문입니다. 이번 질문에 답해 주실 천문학자 소우주 박사님과 지구과학자 지구봉 교수님 나오셨습니다. 저는 2개의 태양이 뜨면 지구가 너무 뜨거워져 녹아 버릴 것 같다는 생각이 먼저 드는데요. 지구봉 박사님! 실제로는 어떨까요?

지구봉 — 태양이 하나인데도 한여름이 되면 뙤약볕이 뜨거워 견디기 힘들죠? 태양이 2개가 된다면 그 열만으로도 지구상의 생물 대부분은 멸종하고 말 겁니다. 물론 극한의 상황에 적응하는 아주 일부 생물은 살아남겠죠.

그런데 우리가 알아야 할 게 있어요. 지구 하늘에 2개의 태양이 뜨는 모습은 현재와 똑같은 태양이 하나 더 생겨야만 가능한 건 아니란 점입니다. 태양계에 다른 별 하나가 생겨도 그 별이 지구와 거리만 가깝다면 크기가 아주 작아도 태양과 비슷한 크기로 보일 테니까요.

달의 경우를 생각해 보면 쉽게 알 수 있어요. 실제 달의 크기는 지구보다도 훨씬 작죠? 그런데 땅 위에서 보면 태양과 달의 크기가 엇비슷해 보입니다. 게다가 달은 사실 스스로 빛을 내지 못합니다. 달빛은 태양의 빛이 반사된 것이죠. 그만큼 눈으로 보이는 별의 크기엔 지구와의 거리가 큰 영향을 미쳐요.

알라딘 — 하늘에 뜬 2개의 태양은 태양계에 새로운 항성이 출현하는 상황으로도 상상할 수 있군요. 굳이 태양만큼 크거나 뜨겁지 않아도 태양처럼 보일 수 있다니 역시 우주는 신비스럽습니다.

지구봉 — 그렇습니다. 태양도 하나의 별입니다. 별은 우주 공간에서 스스로 빛을 내는데, 다른 별들은 지구에서 아주 멀리 떨어져 있어 망원경으로 관측해도 작은 점에 불과합니다. 그에 비해 상대적으로 지구와 가까이 있는 태양은 지구에서 약 1억 5,000만 킬로미터 떨어진 공간에서 스스로 빛과 열을 내어, 지구에 생명체가 살아갈 환경을 만들어 주었어요.

참고로 태양계에서는 태양만이 유일한 항성입니다. 항성이란 스스로 빛을 내며 고유운동을 하는 천체를 말해요. 이와 달리 지구처럼 항성 주위를 돌면서 스스로 빛을 내지 못하는 천체는 행성이라고 하죠. 또 행성 주위를 도는 천체도 있는데, 이는 위성이라고 합니다. 태양계는 태양과 태양을 중심으로 공전하는 8개의 행성과 50개 이상의 위성으로 구성되어 있어요. 그리고 화성과 목

성 사이에 흩어진 소행성, 태양 주위를 지나는 혜성, 긴 빛줄기를 만드는 유성 등도 태양계의 한 일원이라 할 수 있죠.

태양계에서 제2의 태양을 찾는다면?

알라딘 — 그렇다면 태양계에서는 새로운 별이 탄생할 가능성이 얼마나 될까요? 전혀 없나요?

소우주 — 과학자들은 태양계가 생길 때 목성이 조금만 더 무거웠다면 제2의 태양이 됐을 거라 봅니다. 목성은 태양계에서 태양 다음으로 큰 천체로, 적도 지름이 약 14만 3,000킬로미터에 이르죠. 태양계에서는 자기 자신을 제외한 나머지 모든 행성을 합한 것보다 커서, 1,300개 이상의 지구를 안에 넣을 수 있을 정도입니

다. 여기에 전체 원소 구성비가 태양과 비슷해 '태양 닮은꼴' 행성이라고도 하죠.

알라딘 — 그런데 왜 목성은 항성이 되지 못했나요?

소우주 — 천체가 스스로 빛과 열을 내려면 내부에서 핵융합 반응이 일어나야 합니다. 핵융합 반응이란 가벼운 원자핵이 융합하여 무거운 원자핵이 되는 것으로, 이 과정에서는 막대한 에너지가 만들어집니다. 태양을 비롯한 항성들은 내부에서 수소 원자 4개가 헬륨 원자 1개로 융합되는 과정을 통해 엄청난 빛과 열을 뿜어내요. 원자핵이 고온·고밀도 상황에서 충돌해 더 무거운 핵으로 합쳐지는 과정에서 나오는 에너지입니다.

그런데 목성에는 핵융합의 재료인 수소와 헬륨이 풍부한데도 정작 핵융합은 일어나지 않아요. 그 이유로 과학자들은 여느 항성보다 가벼운 목성의 질량을 꼽습니다. 목성의 질량은 우주에 떠 있는 가장 작고 어두운 항성 가운데 하나인 적색왜성보다도 훨씬 작습니다. 그 작다는 적색왜성의 질량이 목성의 최소 80배예요. 목성이 항성이 되려면 질량이 적어도 적색왜성 이상으로 커져야 내부의 고온·고밀도가 유지돼 핵융합이 일어날 것입니다.

알라딘 — 그럼 목성이 태양 수준의 빛과 열을 내려면 질량이 얼마나 커져야 할까요?

소우주 — 목성이 대략 1,000개 이상 모여야 가능합니다. 태양은 거대한 가스 덩어리로 약 90퍼센트가 수소 성분이에요. 태양은 수소를 원료로 핵융합을 일으켜 엄청난 빛과 열을 내죠.

물론 목성이 태양이 된다는 것은 어디까지나 과학적인 상상입니다. 실제로는 질량이 커진다 해도 여전히 행성으로 남을 가능성이 높습니다. 목성은 애초에 항성이 아닌 행성이었기 때문에, 조건의 변화가 핵융합을 가져올지는 미지수거든요. 목성을 태양처럼 점화시키는 일은 이론처럼 간단한 문제는 아닙니다.

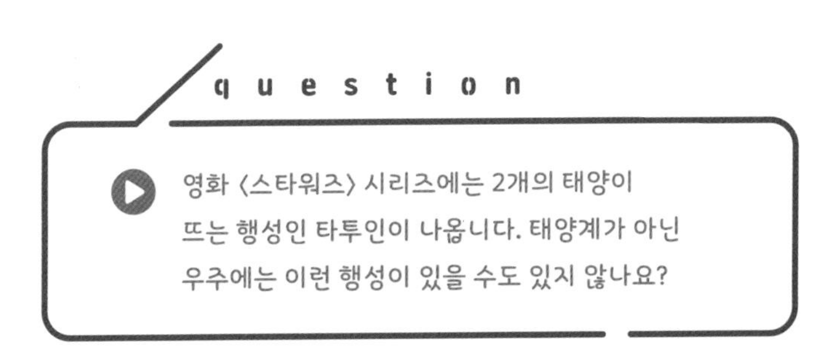

태양이 2개인 행성이 진짜 있다고?

소우주 — 태양계에서는 스스로 빛과 열을 내는 항성이 태양뿐이지만 우주에는 수많은 항성이 빛납니다. 그래서 2개의 항성이 모인 경우도 꽤 있죠. 태양은 홀로 빛나지만 쌍성은 둘이 서로를 비추며 특정 기준점을 중심으로 공전합니다. 여기서 밝은 별은 주성, 어두운 별은 동반성, 반성 혹은 짝별이라고 해요. 우주에 띄워진 우주 망원경 등을 이용해 지구 대기권 바깥에서 오늘날 인류가 찾은 외계 행성, 즉 태양계 밖의 항성 주위를 도는 행성은 2021년 기준으로 4,700여 개에 달합니다.

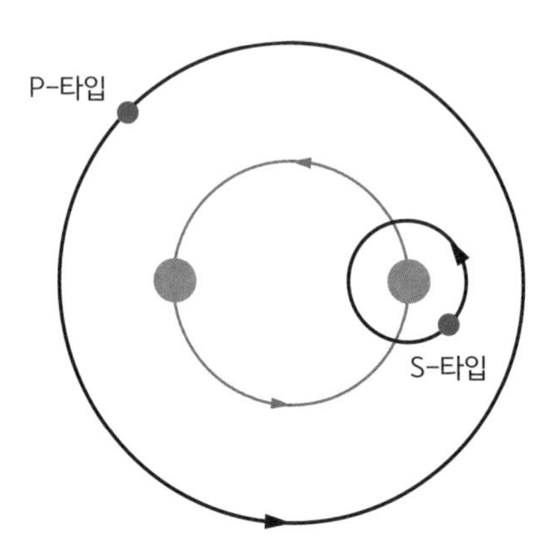

위의 그림은 쌍성계의 예시입니다. 그림에서 회색 동그라미가 2개의 별(항성)이고 파란 동그라미가 행성이에요. P-타입은 2개의 별 모두를 대상으로 공전하는 행성이며, S-타입은 2개의 별 중 하나를 대상으로 공전하는 행성입니다.

다만 외계 행성은 너무 어두워 직접 관측하기가 어려워서, 외계 행성이 항성 앞을 지날 때 항성이 어두워지는 것을 우주 망원경으로 포착해 그 존재를 확인하죠. 이런 방법으로 2011년에는 케플러-16 쌍성계에서 행성을 발견하기도 했어요. 과학자들은 그 행성이 2개의 별 주위를 돌기 때문에, 아마도 그 행성에서는 쌍성이 2개의 태양처럼 보일 거라고 추측합니다. 〈스타워즈〉 시리즈에서 루크가 살던 행성 타투인처럼요.

그런가 하면 태양계로부터 더 멀리 있는 케플러-47 쌍성계에서 3개의 행성이 두 별을 공전하는 모습도 확인됐어요. 과학자들은 행성이 여러 개라는 점에서 이곳이 왠지 태양계와 닮지 않았을까 추측합니다.

알라딘 — "하늘 아래 2개의 태양은 없다"는 말은 지구에서 본 관점에 불과한 말이군요. 우주의 행성 중에서 2개 혹은 3개의 태양이 뜨는 곳도 있다는 사실이 흥미롭습니다.

소우주 — 하지만 행성과 별 사이의 거리, 별의 크기 및 온도에 따라 관측되는 태양(별)의 모습과 빛깔은 달라질 것입니다. 어쩌면 노란색이나 빨간색이 아닌 파란색 태양이 뜰지도 몰라요. 또한 지구는 낮과 밤을 햇빛으로 구분하지만 외계 행성은 별(태양)의 색상에 따라 구분할지도 모릅니다.

조금 더 과학적으로 질문하기

우주 망원경: 작고 어두운 천체를 어떻게 찾을까?

외계 행성은 크기도 작고 스스로 빛을 내지 않아 발견하기 어렵다. 외계 행성을 찾을 때는 이른바 '외계 행성 킬러'로 불렸던 케플러 우주 망원경이나 테스TESS, Transiting Exoplanet Survey Satellite 우주 망원경을 쓴다(케플러 우주 망원경은 2018년에 임무가 끝났다). 행성이 항성 앞을 지날 때 항성의 빛을 가려 어두워지는 현상을 이용해 외계 행성을 찾아내는 원리다. 그 밝기 변화는 아주 작아서 지구에서는 관측하기 어려워 지구 대기를 벗어나 우주에 설치된 우주 망원경을 이용한다. 또한 우주는 지구에서와 달리 대기에 의한 노이즈가 생기지 않기 때문에 우주 망원경이 관측에 유리한 이유도 있다.

골디록스 지대: 왜 지구에만 생물이 살까?

골디록스(goldilocks) 지대란 항성 주위에서 지구와 비슷한 생명체가 발생할 수 있는 행성의 공전 영역을 말한다. 그 영역에 속한 행성은 골디록스 행성이라고 한다. 골디록스 지대를 우리말로 하면 '생명체 거주 가능 영역'으로, 태양계에서 골디록스 지대에 속한 행성이 바로 지구다.

골디록스라는 이름은 영국 동화 『골디록스와 곰 세 마리』에 등장하는 주인공 소녀의 이름에서 유래했다. 이 동화에는 주인공 골디록스가 뜨거운 수프, 차가운 수프, 적당히 온도의 수프 가운데 적당한 온도의 수프를 먹는 이야기가 나온다. 여기서 착안해, 너무 차갑지도 너무 뜨겁지도 않으며, 항성에서 적당한 거리만큼 떨어져 생명체가 거주할 수 있는 안정된 지역을 골디록스 지대라 부른다. 따라서 과학자들은 지구 이외에 생물이 있을 가능성이 있는 행성 후보를 골디록스 지대 안에서 찾는 중이다.

ON AIR

왜 파란 별은 빨간 별보다 더 뜨거울까?

question

천문학에 관심이 많은 학생입니다. 요즘 학교에서 한창 별에 대해 배우는데, 파란 별의 표면 온도가 왜 빨간 별보다 더 높은지 그 이유를 잘 모르겠습니다. 일반적으로 우리는 뜨거운 것을 빨간색, 차가운 것을 파란색으로 표현하는데 별의 온도는 왜 반대로 나타나나요? 그 이유를 꼭 알려 주세요.

파란 별 줄까? 빨간 별 줄까?

알라딘 — 하늘에서 반짝이는 별을 보면 모두 비슷한 색상으로 보이죠? 그런데 실제로는 파란 별도 있고 빨간 별도 있다고 저도 들었습니다. 이처럼 별의 다채로운 색상이 온도와 어떤 관계가 있는지 궁금하다는 질문이군요. 이번 질문에 답해 주실 물리학자 나빛나 교수님과 천문학자 우주로 박사님 나오셨습니다. 먼저 우주로 박사님! 별의 색상은 정말로 온도와 관계가 있는 건가요?

우주로 — 별이 각각 다른 색상으로 보이는 이유는 표면 온도가 다르기 때문입니다. 표면 온도가 높을수록 파란색을 띠고, 낮을수록 빨간색을 띱니다. 별빛을 프리즘에 통과시키면 빛이 굴절돼 스펙트럼이 생기는데, 특징에 따라 7가지 형(O, B. A, F, G, K M)으로 분류됩니다. 별의 색상에 영향을 주는 게 바로 빛의 파장으로, 파장은 물체의 온도가 높을수록 짧아져요. 파장이 가장 짧을 때는 파란색(청색), 가장 길 때는 빨간색(적색)을 띠죠.

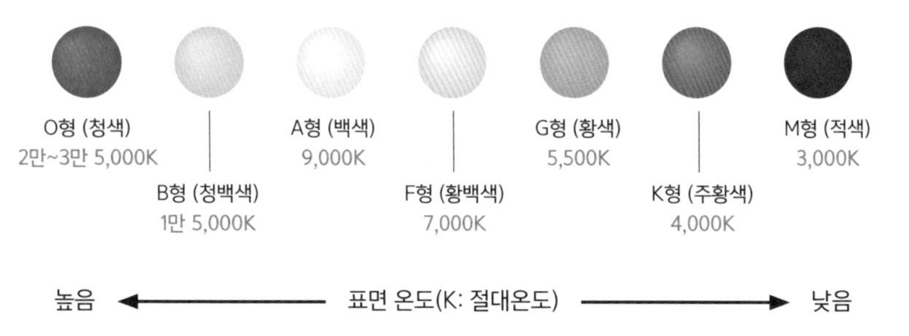

우리 주변에서도 이와 비슷한 현상이 있습니다. 쇠를 불에 달구면 처음에 검붉은색이 됐다가 빨간색으로 타오른 뒤 마지막에 노란빛을 내요. 다만 별의 경우 표면 온도가 워낙 높으니 빨간색, 노란색뿐만 아니라 흰색, 파란색 등 더 다채로운 색을 띱니다. 참고로 비교적 온도가 낮은 빨간 별도 표면 온도는 무려 3,000켈빈(K)에 달합니다. 이는 약 2,700도에 해당하죠.

알라딘 — 그렇다면 태양은 노란빛을 띠니 빨간 별보다 표면 온도가 높겠군요?

우주로 — 네. 태양은 표면 온도가 약 6,000켈빈으로 빨간 별보다 높습니다. 대표적인 빨간 별로는 베텔게우스(오리온자리에서 가장 밝은 별)와 안타레스(전갈자리에서 가장 밝은 별)가 있는데 이 둘은 적색초거성입니다. 초거성은 반지름이 태양의 100배 이상이며, 진화 후기 단계의 항성으로 빛의 세기가 태양보다 훨씬 강합니다. 그러나 수명이 거의 다해 가는 별이에요.

적색초거성 말고 적색왜성이라는 작은 별도 이름처럼 빨간색을 띱니다. 왜성은 반지름이 작고 어둡기 때문에 초거성보다는 존재감이 약해요. 하지만 우리 은하에서 매우 흔히 보이며 수명이 아주 길죠. 센타우루스자리에 있으며 태양에서 가장 가까운 프록시마 센타우리가 대표적인 적색왜성입니다.

알라딘 — 밝게 빛나는 초거성 중에 파란 별도 있나요? 그렇다면 온도가 엄청날 거 같아요.

우주로 — 물론 있습니다. 오리온자리에 있는 알니타크(오리온자리 제타)가 바로 청색초거성으로, 표면 온도가 무려 3만 켈빈에 달합니다.

이제 항성을 분류하는 이름만 들어도 어떤 종류의 별인지 대충 짐작이 되죠? 참고로 항성은 질량이 클수록 활동이 왕성한데 그에 비례해 수명은 짧아집니다. 이른바 '짧고 굵게' 사는 건데, 초거성의 경우 초신성이라는 거대한 폭발을 일으킨 뒤 죽어요. 그렇게 우주에 자신의 흔적을 남기면 이 흔적에서 새로운 별이 태어나죠.

생각보다 복잡한 물체 온도와 빛의 관계

알라딘 — 별의 세계에도 탄생과 죽음이 있다는 게 참 신비롭군요. 그렇다면 다시 온도 이야기로 넘어와 보겠습니다. 일상생활에서도 가스레인지 등을 통해 파란 불을 쉽게 볼 수 있는데, 그렇다면 이 파란 불의 온도도 빨간 불보다 높은 거겠죠?

나빛나 — 일상의 파란 불도 빨간 불보다 온도가 조금 높긴 해요. 하지만 별이 온도가 높을수록 파란빛을 띤다 해서 일상에서도 불의 온도가 높을수록 파란빛을 띠는 건 아닙니다. 일상에서 불꽃색이 다르게 나타나는 진짜 이유는 연소 원리의 차이에 있습니다. 만약 파란 불이 별과 같은 이유로 파란색을 띤다면 온도가 최소 2만 켈빈 이상이어야 합니다. 가스레인지 불이 2만 켈빈이라면 당연히 가스레인지까지 활활 타겠죠.

불에 타는 물질, 즉 대부분의 가연성 물질은 탄소화합물입니다. 그러니까 가스를 비롯한 나무나 기름, 천, 종이 등은 모두 탄소화합물이죠. 탄소화합물은 산소와 반응할 때 높은 열과 빛을 내고 이산화탄소, 물 등의 산화 생성물을 만들어요. 이처럼 물질이 빛이나 열 또는 불꽃을 내면서 빠르게 산소와 결합하는 반응을 연소라고 합니다. 가스레인지 불이 파란색인 이유는 충분한 산소가 공급돼 완전연소하기 때문입니다. 가스레인지 불이 빨간색일 때가 있는데 이 경우는 불완전연소가 원인이에요. 불의 온도가 내려가서 빨간 불로 변한 게 아닙니다.

가스 불을 제외한 대부분의 불이 빨간 이유는 연소 시 산소 공급이 충분하지 못해 불완전연소하기 때문입니다. 이때 불완전연소로 인해 이산화탄소가 되지 못한 탄소 알갱이가 내는 불빛이 바로 빨간색이나 노란색이죠. 그러니까 탄소화합물이 어떻게 연소되는지에 따라 불꽃색의 차이가 생기는 겁니다.

알라딘 — 그렇다면 금속원소에서 일어나는 불꽃 반응의 불꽃색도 온도와 관계없나요?

나빛나 — 눈치가 빠르십니다. 금속원소의 불꽃색은 물질을 구성하는 원소의 종류에 따라 연소 시 색상이 달라지는 대표적인 경우입니다. 온도가 아닌 원소의 종류에 따라 불꽃색이 결정되므로, 우리는 불꽃색을 확인해 물질의 성분을 알 수 있죠. 정리하자면, 별이 표면 온도에 따라 다른 빛을 내는 현상과 동일한 예는 앞서 얘기한 것처럼 쇠가 뜨겁게 달궈지는 경우예요. 별과 마찬가지로 쇠 역시 표면 온도가 올라가면서 검붉은색, 빨간색, 노란색으로 변하게 되죠.

우주로 — 덧붙이자면, 별빛의 스펙트럼을 분석하면 표면 온도뿐만 아니라 구성 성분도 알 수 있습니다. 별을 구성하는 원소에 따른 특징이 스펙트럼에 반영되거든요. 별빛에는 이처럼 다양한 비밀이 있습니다.

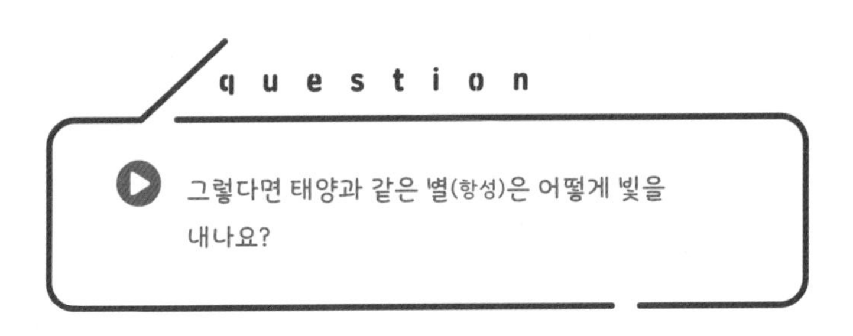

스스로 빛나는 별의 비결, 핵융합

알라딘 — 짧은 만큼 아주 핵심적인 질문입니다. 저도 태양과 같은 별은 그냥 스스로 빛난다고만 알지, 어떤 원리로 그 엄청난 빛과 열을 만드는지는 잘 모르겠습니다. 우주로 박사님! 쉽게 설명해 주시겠어요?

우주로 — 태양과 같은 별은 핵에너지로 열과 빛을 냅니다. 핵반응에서 나오는 에너지죠. 여기서 핵반응이란 핵분열과 핵융합을 함께 가리키는 말인데, 핵분열은 크고 무거운 핵을 여러 개로 쪼개는 것이고, 핵융합은 가벼운 여러 개의 핵을 합치는 것을 말해요.

핵에너지라고 하면 흔히 원자력발전소를 떠올리기 쉬운데, 원자력발전소와 별은 에너지를 만드는 방식이 서로 다릅니다. 원자력발전소에서 생성하는 에너지는 핵분열의 결과물로, 우라늄과 같은 무거운 원소를 쪼개는 과정에서 엄청난 에너지가 생겨납니다. 이와 달리 태양과 같은 별은 원자핵을 결합해 무거운 원자핵으로 만드는 핵융합으로 에너지를 만들어요.

태양을 예로 들어 설명해 볼게요. 태양에서는 가벼운 수소 원자핵(양성자) 4개가 반응해 무거운 헬륨 원자핵 1개가 생기는 핵융합이 일어납니다. 중요한 사실은 수소 원자핵 4개의 질량이 헬륨 원자핵 1개의 질량보다 커서, 줄어든 질량만큼 거대한 에너지로 바뀌어 엄청난 빛과 열로 방출된다는 거예요. 바로 이게 지구 생명의 원천인 태양에너지입니다. 1,500만 도의 초고온 상태에서 1초간 6억 5,700만 톤의 수소가 합해진 결과, 6억 5,300만 톤의 헬륨이 생성되면서 거대한 핵에너지가 방출되는 겁니다.

핵융합은 핵분열과 달리 방사성폐기물을 배출하지 않아요. 따라서 이 핵융합 에너지를 '꿈의 에너지'라고 부르기도 하죠. 별이

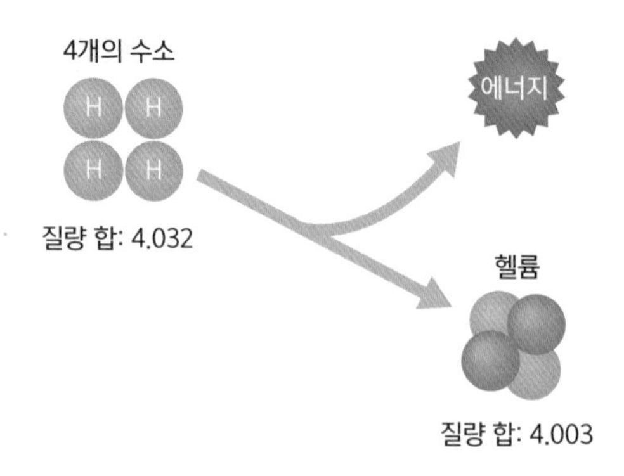

반짝반짝 빛나듯 인류의 미래도 핵융합을 통해 빛나기를 기대해 봅니다.

조금 더 과학적으로 질문하기

핵융합: 태양은 어떻게 빛과 열을 낼까?

아인슈타인이 1905년 발표한 특수상대성이론에 따르면 질량과 에너지는 상호 변환될 수 있다. 그 공식이 바로 '질량-에너지 등가 공식'인 $E=mc^2$이다. 여기서 E는 에너지, m은 질량, c는 광속을 뜻한다. 이 식에 따르면, 질량이 에너지로 바뀔 때는 질량에 광속의 제곱을 곱한 양만큼의 에너지가 만들어진다. 빛의 속도는 약 초속 3억 미터이므로, 한 스푼 정도의 질량을 모두 에너지로 바꾸면, 축구장 4개 크기의 초대형 유조선에 실린 기름을 모두 연소시켰을 때 생기는 에너지와 비슷하다.

이 공식을 태양에 대입하면, 태양은 초당 6억 톤의 수소가 헬륨으로 바뀔 때 약 400만 톤의 질량이 줄어든다. 그 줄어든 질량이 바로 태양에너지의 근원으로, 1초에 4×10^{26}줄(J)만큼의 에너지가 태양에서 우주로 나온다. 이 에너지는 지구 60억 인구가 대략 300만 년 동안 사용할 수 있는 엄청난 양이라고 한다.

별의 일생: 별도 태어나고 죽을까?

별은 수소와 헬륨이 대부분인 성간물질에서 태어난다. 성간물질이 한곳에 모여 구름처럼 보이는 것을 성운이라 한다. 온도가 낮은 성운이 중력에 의해 서로 이끌려 수축하기 시작하면 밀도와 온도가 점점 높아진다. 성운의 온도가 1,000만 켈빈에 이르면 수소 핵융합 반응이 일어나 원시별이 된다. 원시별은 수소를 헬륨으로 핵융합하는 주계열 단계에서 수명의 90퍼센트를 보낸다.

수명은 원시별의 질량에 따라 결정되는데 질량이 클수록 수명은 짧아진다. 질량이 크면 핵융합 원료가 많아 수명이 길 것 같지만, 그만큼 핵융합 반응이 더 활발하게 일어나 많은 에너지를 소모한다. 주계열 단계가 지나면 태양과 질량이 비슷한 별은 적색거성과 행성상 성운을 거쳐 최후에는 백색왜성으로 남는다. 질량이 큰 별은 초거성과 초신성을 거쳐 중성자별이나 블랙홀이 된다.

ON AIR

이불 밖만큼 우주가 위험한 이유는 무엇일까?

question

어느 날 뉴스를 보니 곧 민간 우주여행 시대가 열릴 거라더군요. 그런데 사실 우주는 사람이 살기 어려운 환경이잖아요. 우주복을 입어도 여러 위험이 있을 텐데, 우주 속 극한 환경에 대해 꼭 알려 주세요.

맨몸으로 우주에 나가면 생기는 일

알라딘 — 저는 우주 하면 떠오르는 영화가 〈그래비티〉입니다. 이 영화에는 우주에서 일어날 법한 각종 재난 상황이 아주 생생히 묘사되어 있죠. 우주의 위험 요소들이 어떤 게 있는지 이번 기회에 확실히 알고 싶다는 질문입니다. 이번 질문에 답해 주실 천문학자 우주로 박사님과 로켓공학자 나르자 박사님이 오셨어요. 우주로 박사님, 우주복이나 보호 장비 없이 맨몸으로 우주에 나가면 어떻게 될지 구체적으로 알려 주시겠어요?

우주로 — 우주에서 우주복 없이는 생존이 불가능하다는 것이야 다 아는 사실인데 정확히 무엇이 문제가 되는지 설명해 드리겠습니다. 우선 지구 밖 우주는 공기가 없는 진공상태로, 우주복의 산소 공급 장치가 없으면 사람이 숨을 쉴 수 없습니다. 생명 유지 활동에 필수인 산소가 인체로 공급되지 못하면 혈액 속 산소가 고갈돼 정신을 잃게 되고 몇 분 내로 사망에 이르러요. 즉, 우주에 맨몸으로 노출되면 질식사할 가능성이 가장 큽니다. 그래서 우주복의 산소 공급 장치는 하루 약 600리터의 산소를 공급합니다.

진공 상태에서는 산소가 없을 뿐만 아니라 기압도 극단적으로 낮아집니다. 기압이 일정 기준 이하로 내려가면 혈관이 부풀어 오르거나 체액이 기화하는 등 심각한 문제가 생길 수 있어요. 그 이유는 물질의 상태가 변화하는 이른바 '상변화'의 기준 온도가 저기압에서 매우 낮아지기 때문입니다. 가령 지구에서 100℃에서 끓던 물이 기압이 극도로 낮은 우주에서는 20℃에서도 끓을 수 있는 거죠. 이러한 상태에 체온이 36.5℃인 인체가 그대로 노출되면 어떤 일이 발생할까요? 그래서 우주복에는 압력 조절 장치가 필수로 장착돼 있습니다.

알라딘 — 우주의 진공상태가 인체에 무시무시한 영향을 미칠 수 있군요. 사실 저는 우주로 나가면 무척 춥겠다는 걱정부터 했는데 온도는 어떤가요?

우주로 — 우주의 평균 온도는 약 영하 270도인데, 이때의 체감 추위는 지구 기온이 영하 270도일 때와는 다른 차원입니다. 왜냐면 우주에서는 지구에서보다 온도가 훨씬 느리게 떨어지기 때문입니다.

열이 전달되는 방식으로는 복사, 대류, 전도가 있어요. 그중에서 전도는 물체끼리의 직접적인 접촉을 통해, 대류는 기체, 액체 등 유체에 의해 열이 전달되는 것을 말해요. 이와 달리 복사는 열을 전달해 주는 매질이 없는 상태에서 열전달이 일어나는 것을 의미하죠. 우주에서는 열전달이 복사를 통해서만 일어나는데, 복사의 경우 열전달 속도가 대류나 전도에 비해 매우 느려요. 따라서 우주가 영하 270도의 극저온이라 해도 체감 추위는 지구보다 덜할 것으로 보입니다.

알라딘 — 다행히 곧바로 얼어 죽지 않을 확률이 높다는 말씀이군요. 추위를 체감하는 데는 열이 몸에서 빠져나가는 속도도 중요하게 작용한다는 설명도 잘 이해했습니다. 그렇다면 우주복은 열과 관련해서는 방한 기능만 갖추면 될까요?

나르자 — 우주에는 두 지옥이 공존합니다. 태양이 비치지 않는 지옥은 극저온 상태지만, 태양이 비치는 지옥은 또 다른 위험을 만들죠. 대표적으로 실명이나 화상의 위험을 들 수 있습니다. 이렇게 온도가 극단적으로 존재하는 이유는 우주엔 지구의 대기 같은 보호막이 없기 때문입니다.

대기가 없는 달을 예로 들어 볼게요. 달의 경우 태양이 뜰 때는 온도가 100도 이상으로 올라갔다가 태양이 지면 영하 100도 밑으로 떨어집니다. 이것만 봐도 대기가 없는 게 얼마나 큰 차이를 가져오는지 알 수 있죠? 우주에서 경험하는 태양복사는 지구에서 느껴지는 빛이나 열과는 그 강도가 다릅니다. 우주복을 입지 않으면 타 죽거나 혹은 얼어 죽는 지옥을 경험할 거예요.

우주선 안에 있으면 안전할까?

알라딘 — 우주는 무중력상태인데 그로 인한 위험은 없을까요?

나르자 — 우리 몸의 형태는 중력의 힘을 받는 지표면에서 살기에 적합합니다. 그래서 무중력상태에서는 생리 시스템에 이상이 생길 수 있어요. 대표적으로 구토, 두통, 현기증, 불안감 등을 겪는 우주 적응 증후군이 있습니다. 이 질환을 겪으면 근육이 손실되고 뼈에서 칼슘이 빠져나갑니다. 원래 사람의 근육과 뼈는 중력을 받으며 단단해지는데 무중력상태에 오래 있으면 근육과 뼈가 그만큼 약해지기 때문이죠. 우주 생활을 한 사람의 45퍼센트 이상이 이 질환을 겪었다고 해요.

그렇지만 무중력상태로 인해 생기는 치명적인 위험은 따로 있습니다. 그것은 바로 우주 쓰레기와의 충돌이에요. 수명이 다한 인공위성이나 로켓, 인공위성의 잔해, 로켓이나 우주선에서 떨어진 부품이나 파편 등이 바로 우주 쓰레기입니다. 〈그래비티〉에도 무중력상태의 우주에서 우주 쓰레기가 일으키는 재앙이 등장합니다. 우주 쓰레기는 우주에서 초속 7.9~11.2킬로미터의 빠른 속도로 움직이는데 이것이 우주선과 부딪치면 엄청난 사고가 발생하죠.

알라딘 — 저도 언젠가 뉴스에서 우주 쓰레기 문제를 심각히 보도하는 걸 보았습니다. 현재 우주상에 떠다니는 우주 쓰레기는 지름 10센티미터를 초과한 것이 수만 개, 지름 10센티미터 이하의 것이 수억 개에 달한다고 하던데, 자칫 이것이 엄청난 사고를 일으킬 위험이 있겠군요. 그렇다면 우주 쓰레기의 위험을 피해 태양계 밖으로 우주여행을 가면 훨씬 안전할까요?

나르자 — 태양계를 벗어나면 더 무서운 상황에 놓일 수도 있습니다. 태양처럼 스스로 빛과 열을 내는 별(항성)의 주변을 지날 경우 어떤 안전도 보장할 수 없기 때문이에요. 핵융합이 활발한 별들의 표면에서는 가끔씩 '플레어'라는 엄청난 폭발이 일어나는데 여기서 엄청난 양의 방사선이 나오죠. 플레어의 위력은 수소폭탄 수천만 개가 폭발하는 수준입니다. 참고로 수소폭탄 하나가 땅에서 폭발하면 반경 35킬로미터 이내가 모두 파괴됩니다.

알라딘 — 그렇다면 우주여행을 할 때 별 근처에는 가지도 말아야겠군요.

우주로 — 별에서 방출되는 에너지는 거리의 제곱에 반비례합니다. 별과 가까워질수록 전해지는 빛과 열이 커지는데, 별에 2배 가까이 가면 그로부터 받는 에너지의 세기가 4배로 늘어난다는 뜻이에요. 그래서 별에 가까이 가는 일은 매우 위험하죠.

그런데 천체 중에서 블랙홀은 표면으로 빛조차 빠져나오지 않아 캄캄한 우주에서 그 존재를 알기 어렵습니다. 우주선을 타고 어두운 우주를 지나다 미처 발견하지 못한 블랙홀에 빨려 들어갈 수 있죠. 블랙홀의 중력에 이끌린 우주선은 엄청난 중력 차로 그 안에서 엿가락처럼 늘어나는데 그 뒤로는 절대 빠져나올 수 없습니다.

question

우주선이 등장하는 영화를 보면 거대한 암석 주변에서 우주선들이 추격전을 벌이며 곡예비행을 하는 장면이 나옵니다. 실제로 우주에 이런 장애물이 있는 구간이 있나요?

돌 날아온다! 소행성 지대?

알라딘 — 우주선을 타고 다니다 암석에 맞아 죽으면 너무 억울할 것 같아요. 혹시 우주 쓰레기 외에 암석 등 다른 물질들이 모인 공간이 있을까요?

우주로 — 우주에는 항성, 행성, 위성, 혜성, 성단(항성 집단), 성운, 성간물질 등의 각종 천체와 인공위성 등이 떠 있습니다. 우주는 진공이자 무중력상태로 다른 물질이 거의 없다고 알려졌지만, 암석이나 바위, 얼음덩어리가 모인 곳도 간혹 있습니다.

태양계만 하더라도 화성과 목성 사이에 소행성대라고 불리는 곳이 있는데, 여기에는 다양한 크기의 소행성들이 존재해요. 1801년 세레스라는 소행성이 처음 발견된 뒤 수백만 개의 소행성을 더 찾아냈지만, 매달 수천 개의 이르는 소행성이 계속 발견되고 있다고 합니다. 따라서 이곳에 모두 몇 개의 소행성이 있는지는 아직 알

수가 없다고 해요. 참, 소행성은 지름 50미터 이상의 천체를 가리켜요. 그러니까 운석보다는 크고 행성보다는 작은, 암석으로 이루어진 천체를 말하죠.

하지만 영화에서 볼 수 있는 우주선과 암석의 충돌은 극적인 연출을 위해 설정한 것일 뿐이에요. 태양계의 소행성은 대부분 앞서 말한 화성과 목성 사이에 몰려 있어서, 실제로 드넓은 우주를 여행하는 우주선이 갑자기 소행성을 만날 가능성은 아주 작습니다. 이러한 곳을 일부러 찾아가지 않는 이상은 말이죠.

인공위성의 속도: 정지궤도 위성은 우주에서 멈춰 있을까?

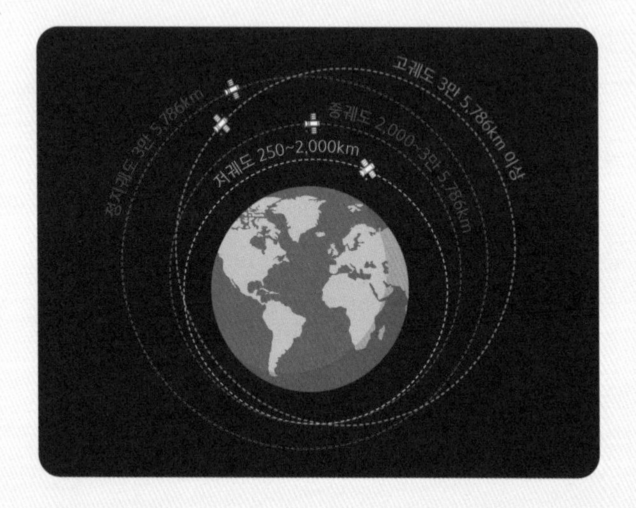

정지궤도 위성은 지구로부터 3만 6,000킬로미터 고도에 있는 위성이다. 정지궤도 위성은 지구의 자전 속도와 같은 궤도 속도를 지닌다. 다시 말하면 하루에 한 바퀴씩 지구 주위를 돌아 지구에서 보면 항상 같은 위치에 멈춘 것처럼 보이기 때문에 정지궤도 위성이라 할 뿐, 실제로는 총알보다 훨씬 빨리 운동한다.

지표면에 가까울수록 지구의 중력이 더 크기 때문에 인공위성은 궤도가 낮을수록 속도가 더 빠르다. 저궤도 위성의 경우 대기의 저항도 커서 수명이 짧은 편이다. 인공위성을 쏘아 올릴 때 타원이나 원 궤도로 지구 주위를 돌게 하려면, 최소 초속 7.9킬로미터는 되어야 한다. 만일 초속 11.2킬로미터 이상으로 쏘아 올리면 지구 중력을 벗어나 저 멀리 우주로 나가게 된다.

태양풍: 태양이 만드는 바람의 정체는 무엇일까?

지구에 우리의 삶을 지배하는 기상 현상이 있듯이 우주에도 태양에 의해 일어나는 기상 현상이 있다. 그중 가장 큰 영향을 주는 게 바로 코로나에서 내보내는 태양풍이다. 코로나는 태양의 대기층으로 태양 표면의 6,000켈빈보다 훨씬 높은 100만 켈빈에 달할 정도로 온도가 높다. 하지만 코로나는 밀도가 낮아 광구(태양에서 눈에 직접 보이는 표면)를 가려야 보일 정도로 어둡다.

문제는 코로나에서 나오는 플라즈마(전자와 원자핵이 분리돼 전하를 띤 상태)의 흐름인 태양풍이다. 태양은 태양풍을 통해 초당 100톤 정도의 입자를 우주로 날려 보내는데, 비록 입자 밀도는 낮지만 지구 부근에서는 속력이 초속 400킬로미터에 달할 정도로 매우 빨라 위협적이다.

하지만 지구에는 태양풍에 의한 피해가 거의 생기지 않는데, 지구를 둘러싼 밴앨런대가 존재하기 때문이다. 밴앨런대란 지구 자기장에 의해 형성된 것으로서, 지구를 둘러싸고 있는 높은 에너지의 입자 무리를 말한다. 밴앨런대는 태양에서 방출되는 높은 에너지를 가진 입자를 막음으로써 지구상의 생명체를 보호한다. 그렇지만 태양의 활동이 활발할 때는 대규모의 태양풍이 정전 사태를 일으키기도 한다.

한편 태양풍은 입자의 흐름이므로 물체를 미는 힘이 작용한다. 혜성이 다가올 때 그 꼬리를 보면 태양풍으로 인해 항상 태양의 반대쪽을 향해 있다.

ON AIR

자외선은 왜 병도 주고 약도 줄까?

question

강한 햇살이 내리쬐는 여름에는 선크림이 필수라고 들었습니다. 그런데 자외선이 피부에 왜 해로운지 이유를 정확히 알고 싶어요.
또 선크림이 정말로 햇빛으로부터 피부를 보호하는지, 그렇다면 어떤 원리로 자외선을 막아내는지도 궁금해요.

눈에 보이지 않는 자외선

알라딘 — 햇빛이 강렬한 날 선크림을 바르는 일은 이제 필수입니다. 이번 질문은 햇빛에 포함된 자외선이 해로운 이유와 선크림이 어떻게 자외선을 차단하는지입니다. 질문에 답해 주실 화학공학자 뷰티정 박사님과 피부과 전문의 윤기나 교수님 나오셨습니다. 먼저 자외선이 우리 몸에 해로운 이유부터 알아볼까요?

뷰리정 — 햇빛이 프리즘을 통과하면 빛이 분산돼 파장의 길이에 따라 배열됩니다. 이를 '빛의 스펙트럼'이라 하는데, 여기서 무지개 색상을 나타내는 영역이 바로 우리 눈에 보이는 빛인 가시광선입니다. 빛의 스펙트럼에서 가시광선 양옆에는 우리 눈에 보이지 않는 영역인 적외선과 자외선이 있습니다. 자외선은 가시광선의 보라색(자색) 밖, 적외선은 가시광선의 적색 밖에 있어요. 자외선을 영어로 'Ultra Violet^UV^'이라고 하는데, 가시광선의 보라색 광선 밖에 있다는 의미입니다. 가시광선과 적외선, 자외선 모두 전자기파의 일종으로 파장은 자외선에서 적외선으로 갈수록 길어집니다.

전자기파는 전기장과 자기장이 주기적으로 바뀌면서 전달되는 파동입니다. 파장이 짧은 순서에 따라 감마(γ)선, 엑스(X)선, 자외선, 가시광선, 적외선, 전파 등으로 구분되죠. 전자기파는 파장이 짧을수록 에너지가 크기 때문에 자외선은 가시광선에 비해 강력합니다. 그만큼 인체에 미치는 영향도 크고 해로운 것으로 알려져 있어요. 전자기파 중에서 파장이 가장 짧은 감마선은 금속 내부의 결함을 탐지하거나 항암 치료에 쓰일 정도로 에너지가 강력합니다. 인체에 쌓이면 세포를 변형시키거나 암을 일으키는 등 치명적일 수 있죠.

이처럼 전자기파는 인체에 해롭기 때문에, 임신부는 엑스선 검사가 필요할 때 먼저 의사와 상담해야 합니다. 태아가 세포분열이 활발할 때라 방사선이 영향을 줄 확률이 있기 때문이죠. 그에 비해 파장이 가장 긴 전파는 에너지가 매우 약해서 우리 주변에 넓게 퍼져 있는데도 사람들이 별로 해롭다고 생각하지 않아요.

알라딘 — 자외선이 전자기파의 일종이었군요. 자외선의 파장은 가시광선보다 짧고 엑스선보다 긴데요. 그렇다면 자외선의 위험성을 어느 정도로 봐야 할까요?

윤기나 — 의학 전문가들은 피부에 물집이 생길 정도의 노출이면 위험하다고 봅니다. 이 정도의 노출이 반복되면 표피세포로 흡수된 자외선이 DNA를 망가뜨릴 수 있기 때문이에요. 자외선으로 인해 DNA의 분자구조인 이중나선이 끊어지면 돌연변이나 피부 면역계 교란이 생길 수 있어 피부암 발병률이 높아집니다. 특히 피부가 유난히 희거나 반점이 많다면, 가족 중에 피부암 환자가 있다면 더욱 자외선을 조심해야 합니다.

선크림은 어떻게 자외선을 막을까?

알라딘 — 선크림을 바르면 피부를 자외선으로부터 확실히 보호하나요?

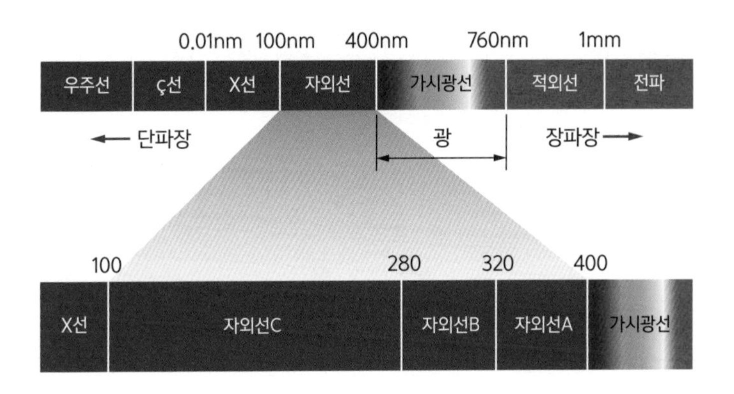

뷰티정 — 자외선은 파장 320~400나노미터의 '자외선A UVA'와 파장 280~320나노미터의 '자외선B UVB', 파장 100~290나노미터의 '자외선C UVC'로 구분됩니다. 앞에서 설명한 대로 파장이 가장 짧은 자외선C의 에너지가 가장 강하니 더욱 우리 몸에 해롭겠죠? 하지만 다행히 자외선C는 지구 오존층을 지나면서 대부분 흡수되기 때문에 고지대가 아닌 이상 땅 위로 거의 도달하지 않습니다. 그래서 선크림도 자외선A와 자외선B 차단을 목적으로 하죠.

선크림을 보면 겉에 'SPF', 'PA'라는 글자가 있을 겁니다. 먼저 SPF Sun Protection Factor는 자외선B 차단 시간을 의미합니다. SPF

는 숫자 1당 15분의 차단 효과를 가져 SPF 35는 '15×35분', 약 9시간의 자외선 차단 효과를 낸다는 뜻이에요. PA protection grade of UVA는 자외선A 차단 지수를 의미하는데 PA+, PA++, PA+++의 3단계로 구분해요. +가 많을수록 효과가 좋다는 뜻입니다.

알라딘 — 그렇다면 선크림이 자외선을 어떻게 막는지 원리를 설명해 주세요.

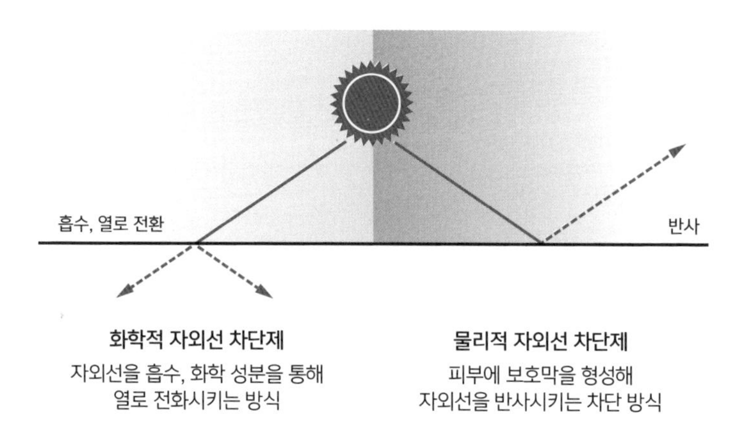

뷰티정 — 선크림 종류는 두 가지입니다. 먼저 자외선을 반사하는 물리적 자외선 차단제가 있고, 자외선을 흡수해 열로 바꿔 없애는 화학적 자외선 차단제가 있어요. 물리적 자외선 차단제는 성분이 순해 민감하고 예민한 피부에도 적합한 게 장점이며, 단점은 바른 후 피부가 하얗게 들뜨는 이른바 '백탁 현상'이에요. 화학적 자외선 차단제의 장단점은 그 반대예요. 피부에 투명하게 발리는 게 장점이지만, 성분이 다소 독해 사람에 따라 피부 질환을 일으킬 수 있는 게 단점입니다.

알라딘 — 그러면 실내에 있을 때도 선크림을 발라야 할까요? 실내에서도 선크림을 꼼꼼히 챙겨 바르는 사람들이 있던데 그럴 필요가 있는지 궁금합니다.

윤기나 — 자외선은 파장이 길수록 에너지가 약하지만 투과력은 높아집니다. 그래서 자외선 중에서는 파장이 가장 긴 자외선A를 차단하는 게 제일 어려워요. 자외선A는 날씨가 흐려도 피부 깊숙이 침투해 주름과 색소침착, 탄력 저하 등을 일으킨다고 알려졌죠. 자외선A보다 강력한 에너지인 자외선B는 화상, 홍반(빨간 반점)의 원인으로 알려졌는데, 유리창을 통과하지는 못합니다. 그러니 실내에 있다면 굳이 선크림을 바를 필요는 없어 보여요. 차라리 블라인드나 커튼을 치는 게 더 효과적이겠죠.

그런데 자외선B는 살균·소독이나 비타민D가 만들어지는 데 도움을 주기도 해요. 그래서 빨래나 주방 기구의 살균·소독이 필요하거나 몸속 비타민D 합성이 필요하다면 유리창을 열어야 합니다.

알라딘 — 사람의 피부에도 자외선으로부터 몸을 보호하는 기능이 있지 않나요?

윤기나 — 사람의 피부는 표피, 진피, 피하지방층 등 3개 층으로 구성됩니다. 이 중 가장 바깥쪽에 있는 표피는 우리 몸을 세균 등 해로운 물질과 자외선으로부터 보호해 줘요. 표피 중 가장 아래에 있는 기저층에는 멜라닌이 분포하는데, 멜라닌이 자외선을 흡수해 몸으로 들어가는 것을 막습니다.

햇빛이 강한 저위도 지역일수록 사람들의 피부가 검은 이유는 자외선 흡수에 유리하도록 멜라닌 양이 많게 진화한 결과죠. 하지만 멜라닌만으로는 자외선을 막는 데 한계가 있어요. 그래서 햇빛이 강렬한 날 오래 외출할 때는 선크림을 바르고 양산 혹은 챙이 큰 모자를 쓰거나 긴 옷을 입는 게 좋아요.

question

얼마 전 공연을 보러 갔다가 어두운 무대 위에서 형광으로 빛나는 옷을 입고 춤추는 배우들을 봤어요. 분명히 어두운 실내였고 옷에 조명이 달린 것도 아니었는데, 어떻게 그렇게 환한 빛이 나왔는지 궁금합니다.

무대에서 범죄 현장까지, 블랙라이트의 정체와 원리

알라딘 — 저도 노래방이나 무대에서 비슷한 모습을 본 것 같습니다. 어둠 속에서 유독 형광만 선명히 드러나는 건 어떤 원리죠?

뷰티정 — 그것은 블랙라이트를 쏘았기 때문입니다. 자외선등 또는 자외선램프라고도 해요. 빛이 차단된 실내에서 블랙라이트가 나오면 특정 형광물질이 자외선을 흡수합니다. 그런 다음 흡수한 자외선을 다시 가시광선으로 내보내요. 이러면 형광물질이 있는 부분에서 빛이 나는 것처럼 보이죠.

블랙라이트는 무대뿐만 아니라 범죄 현장에서 혈흔을 찾는 데도 쓰입니다. 지워진 핏자국을 발견하는 데는 루미놀이라는 물질이 이용되는데, 루미놀을 현장 곳곳에 뿌리면 이것이 혈액 속 헤

모글로빈과 반응해 파란 형광빛을 띠게 되죠. 루미놀의 형광은 가시광선으로는 보이지 않고 자외선이 나오는 블랙라이트를 비춰야 드러납니다. 또한 지폐를 블랙라이트로 비추면 위조 방지를 위해 지폐에 새긴 고유의 형광 잉크와 형광 색실도 나타나죠. 그 덕분에 위조지폐를 쉽게 가려내는 겁니다.

조금 더 과학적으로 질문하기

자외선: 선크림 없이 자외선을 막을 순 없을까?

오래 외출하는 경우가 아니라면 선크림 없이 양산 혹은 챙이 큰 모자, 긴 옷만으로도 자외선을 충분히 막을 수 있다. 실내에 있을 때도 선크림이 필요 없다. 자외선이 유리창을 거의 통과하지 못하기 때문이다. 그래서 실내에서 빨래를 말리면 자외선에 의한 살균 및 소독 효과는 거의 없다.

방어: 피부는 우리 몸에서 어떤 역할을 할까?

사람의 몸은 병원체의 침입을 막고 병원체가 들어오더라도 이를 제거할 수 있는데, 이러한 방어 능력을 '면역'이라고 한다. 방어 작용은 크게 두 가지로 나뉘는데, 그중 사람 피부, 점막 등에서 신속하게 일어나는 면역 반응이 '비특이적 방어'다. 사람 피부는 각질층을 포함한 표피와 진피, 피하지방층으로 구성된다. 가장 바깥의 각질층은 병원균이나 화학물질, 물리적 자극으로부터 몸을 방어한다. 만약 피부가 뚫리는 상처를 입으면 병원균이 몸에 침투하는데, 이때는 병원균을 제거하기 위해 염증 반응이 일어난다. 한편 비특이적 방어가 작동한 뒤 특정 병원체를 특이적으로 인식해 제거하는 것을 '특이적 방어'라 한다.

병원균 외에도 우리 주변에 있는 여러 가지 화학물질이 우리 몸에 침투하고, 충격이나 열, 자외선과 같은 바깥의 물리적 자극도 우리 몸을 공격한다. 이 모든 위협으로부터 우리 몸을 가장 먼저 방어하는 게 피부다. 피부에 대해서는 미용 쪽으로 많은 관심을 가지지만, 사실 피부를 소중히 여겨야 하는 제일 중요한 이유는 바로 우리 몸을 지켜 주기 때문이다.

찾아보기

북트리거 일반 도서

북트리거 청소년 도서

농담하냐고요? 과학입니다

간단한 질문에서 시작하는 기상천외 과학 수업

1판 1쇄 발행일 2021년 6월 25일
1판 2쇄 발행일 2022년 5월 10일

지은이 최원석
펴낸이 권준구 | **펴낸곳** (주)지학사
본부장 황홍규 | **편집장** 윤소현 | **팀장** 김지영 | **편집** 양선화 박보영 김승주
일러스트 고고핑크 | **표지 디자인** 정은경디자인 | **본문 디자인** 이혜리
마케팅 송성만 손정빈 윤술옥 이혜인 | **제작** 김현정 이진형 강석준 방연주
등록 2017년 2월 9일(제2017-000034호) | **주소** 서울시 마포구 신촌로6길 5
전화 02.330.5265 | **팩스** 02.3141.4488 | **이메일** booktrigger@naver.com
홈페이지 www.jihak.co.kr | **포스트** http://post.naver.com/booktrigger
페이스북 www.facebook.com/booktrigger | **인스타그램** @booktrigger

ISBN 979-11-89799-50-2 43400

북트리거

트리거(trigger)는 '방아쇠, 계기, 유인, 자극'을 뜻합니다.
북트리거는 나와 사물, 이웃과 세상을 바라보는 시선에 신선한 자극을 주는 책을 펴냅니다.